3小時「相對論」速成班！

図解 身近にあふれる
「相対性理論」が3時間でわかる本

向愛因斯坦請教，53個想知道的物理理論

齋藤勝裕——著

U0079974

前言

　　這本書為了讓逃避微積分、討厭數學的文化類讀者，也能夠愉快閱讀著名的愛因斯坦「相對論」，特別以簡單易懂的方式解說。

　　這世上有好幾種堪稱經典的理論，像是歐幾里得（Euclid）的「幾何學」、牛頓（Isaac Newton）的「自然哲學的數學原理」、馬克士威（James Clerk Maxwell）的「電磁學」、克勞修斯（Rudolf Clausius）等人的「熱力學」、愛因斯坦（Albert Einstein）的「相對論」、路易‧德布羅意（Louis de Broglie）等人的「量子論」等等。這些經典理論就像是在比誰最艱深似地，長得一副「怎麼能讓你輕易看懂！」的模樣。

　　但是到了20世紀以後，已經確立的相對論和量子論不只是艱深費解，還包含了令人難以置信的觀點，相繼提出讓人覺得根本不可能成立的論調。在理解這些觀點以前，必須先破除僵化的思維、讓思考更靈活一點。

　　也就是說，在閱讀這種理論時，先別想著「我要看懂」。不管它談了什麼都無所謂，你只需要一心一意地讀下去。如此一來，這些「難以置信的觀點」就會刻進你的腦海裡。

　　第一次閱讀只要這樣就好，別奢求能夠理解多少。重點在於後面。第一次從頭通讀到最後，接著趁自己還沒有忘記太多內容時，再重新讀一次。這樣的話，一開始還難以置信的觀點，

就會漸漸讓你覺得「這可能是真的」了。

到了這個程度，它就是屬於你的知識了。即使只有一部分也無妨，請再試著去讀懂你覺得自己好像可以理解的部分。這樣是不是開始覺得讀出一點趣味了呢？

沒錯，相對論其實很有趣。首先，相對論的格局非凡，談的是無邊無際的宇宙，談的是乘著光線四處馳騁、超越時間大幅飛躍。

如果大家透過本書體會到相對論的樂趣，我會非常高興。

2021年6月　齋藤勝裕

第6章　能量等於質量

第7章　重力與時空的扭曲

第8章　粒子性與波動性

第9章　構成宇宙的物質

第1章
相對論為什麼如此重要？

01 在愛因斯坦以前的物理學

在愛因斯坦登場前，我們先來看看物理學有哪些觀點。

首先，這裡必須特別提到的是活躍在工業革命以前、17世紀的物理學家牛頓。牛頓[*1]不僅奠定了研究外力作用於靜止物體上的「靜力學」[*2]，還確立了解釋物體運動的「動力學」。然後在1687年，他將自己奠定的學問整理成《自然哲學的數學原理》出版發行。

◉絕對時間與絕對空間

牛頓力學的前提，是**「絕對時間」**與**「絕對空間」**。

我們通常都是活在相同的時間流動中，不論是睡覺還是搭飛機，不論身在何處，時間的行進方式都不會改變。這種「不受任何影響、在所有地方都以相同的速度流動的時間」，就稱作「絕對時間」。

我們測量物體的長度時，不論是在家裡還是在高鐵上，測出的數字照理說都不會改變。這種完全不受外來影響、總是存在的空間，就稱作「絕對空間」。

---

*1 艾薩克・牛頓爵士（Sir Isaac Newton，1642～1727年） 英國的自然哲學家、數學家、物理學家、天文學家、神學家。

*2 物理學的一個領域，解釋作用在靜止物體上的力量關係。靜力學的歷史最早可以追溯到古希臘時代阿基米德（Archimedes）的「槓桿原理」和「浮力原理」等。

●運動定律

《自然哲學的數學原理》是前一段提到的「絕對時間」和「絕對空間」概念之下,並且以下兩點為基礎來建立體系:

①三個「運動定律」

②兩個物體之間產生的超距作用力

②的範例,便包含了因蘋果掉落的故事而廣為人知的「萬有引力定律」。

牛頓的「運動定律」是由「慣性定律(第一定律)」、「加速度定律(第二定律)」和「作用與反作用力定律(第三定律)」這三項所組成。

a 慣性定律

這是指如果沒有外界施力,物體就會保持靜止,或是持續等速度直線運動[*3]。依這項定律成立的「參考座標系」,就定為「慣性參考座標系」。

b 加速度定律

加速度定律是指只要對物體施力,物體就會朝施力的方向加速(產生加速度)。加速度會隨著作用於該物體的力量大小而改變,物體的質量越大,越不容易作用。

而且,根據這項定律,也可以解讀出質量是「對物體本身施力、阻止外來的力量造成變化」。

---

*3　在直線上以固定的速度移動的運動。

c 作用與反作用力定律

　　這項定律是指所有作用都會同時產生①相等的，②反方向的作用。這是將日常經驗的事物歸納而成的定律。

作用與反作用力定律

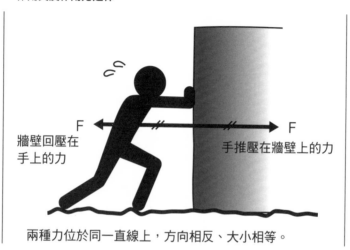

F　牆壁回壓在手上的力

F　手推壓在牆壁上的力

兩種力位於同一直線上，方向相反、大小相等。

02 顛覆十七世紀以來的常識

> 牛頓在 1687 年發行《自然哲學的數學原理》以後，該書便成為物理學上不容質疑的經典。

然而，在過了大約兩百年後的 19 世紀末，物理學界彷彿蒙上烏雲般，問題開始逐一顯現。

那就是原本設想的光線傳導物質「乙太」，和構成各種物質的「原子結構」問題。這些問題在後來掀起了一場從根本顛覆物理學界的風暴，逐漸衍生成為代表 20 世紀的兩大理論「相對論」和「量子理論」。

◉絕對座標

牛頓力學是以「絕對時間」和「絕對空間」為前提。在絕對空間當中，有「絕對座標」，它被視為宇宙萬物的根源「絕對不動的原點」。

但是，隨著知識學問的進步，這些理論開始受到質疑。

不同於牛頓的時代，「行星以太陽為中心運轉」的地動說在當時已經是普遍的知識，因此不能將原點放在地球上。

而且，當時也已經知道太陽會在銀河系裡運行。即使把原點設置在銀河系中心，銀河系又會與其他星雲互相拉扯，位置並

不固定。

因此，可以推論出絕對座標並不存在。而為了解答這個問題而發展出來的，就是「相對論」。

◉消滅的原子

當時的物理學，主張原子的結構是「帶著大電荷的粒子周圍有帶著小電荷的粒子不停畫圓環繞」。

但是，根據當時的電磁理論，

①如果大電荷粒子周圍有小電荷的粒子環繞，理應就會釋放出能量。

②能量減少的小粒子環繞大粒子的半徑就會逐漸縮小，進行螺旋運動。

③小粒子最後會掉入中心大電荷的粒子之中。

最後就會變成這個樣子。

這個結論就等於是說原子會消滅。然而，從宇宙誕生的瞬間至今，原子一直都存在。

物理學界為了研究如何解決這個問題，所衍生出來的答案就是「量子理論」。

進行螺旋運動、最後消滅的原子

這個時候
Z＞1

現代物理學的原子模型圖

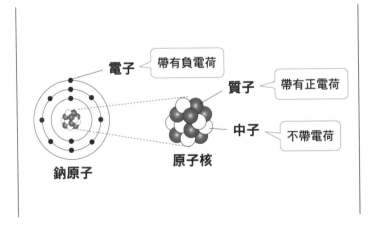

電子 ——｜帶有負電荷｜

質子 ——｜帶有正電荷｜

中子 ——｜不帶電荷｜

鈉原子　　原子核

03 量子理論如何孕育而出？

「物質由原子構成」是從古希臘時代流傳下來的觀點。

希臘哲學的學派當中，有一派是以德謨克利特[1]等人為代表，主張「原子論」的思想。他們認為，萬物都是由原子（atom）所構成。

但是，他們所想的原子，終歸只是概念上的存在，並不是指物質的「原子」。

● 鍊金術

隨著時代演進，到了中世紀歐洲，開始流行新的「鍊金術」。

舉個具體的例子，鍊金術的原理是將水銀等廉價的原子，變成黃金之類的高價值原子。這可說是基於「原子藉由反應過程

鍊金術

而得以變成其他原子」的觀點，進而成立的一門技術。

但是，鍊金術並沒有成功，而且還在不知不覺中開始遭到科學家所排斥，結果便形成了「原子總是保持不變」的觀點。

---

*1　德謨克利特（Democritus，約西元前460年～前370年）　古希臘哲學家。提倡原子論，主張自然是由不會再分裂的無數原子的結合與分離所構成、變化、消滅。

● 瑪麗・居禮

瑪麗・居禮

到了 20 世紀初，瑪麗・居禮（Marie Curie）證明了「原子並非恆久不變」。她從原子核釋出放射線後變成另一種原子核的現象（放射性衰變）開始，發現了物質的各種性質和反應。而她的發現成為一個契機，後續發展出了相對論，尤其是「量子理論」。

● 放射性元素

放射性元素的發現，在之後間接協助證明了著名的「$E = mc^2$」公式、中子星的存在及其坍縮後形成的「黑洞」。

研究微小世界的「量子論」，與規模非常壯大的「相對論」攜手合作，形塑了現代的物理學。而對兩者的確立貢獻良多的巨人，就是愛因斯坦。

　　瑪麗亞·薩洛梅婭·斯克沃多夫斯卡·居禮（1867～1934年）是來自現在波蘭（當年為波蘭會議王國）的物理學家、化學家。她因為研究放射線，在1903年成為諾貝爾物理學獎的首位女性得主；1911年，她又再度榮獲諾貝爾化學獎，同時也是巴黎大學第一位女教授。她因發現放射性元素鐳、釙與放射性的研究而聞名，「放射性」一詞就是由她所提出發明的詞彙。「釙（Polonium）」的元素名稱，則是引用她的祖國波蘭所命名而成。

　　此外，她的丈夫皮耶·居禮（Pierre Curie）也和她一起從事放射性元素的研究，兩人在1903年共同獲得諾貝爾物理學獎，但皮耶在1906年的交通意外中不幸身亡。

　　長女伊雷娜·約里奧－居里（Irène Joliot-Curie）也研究放射性元素，在1935年與丈夫弗雷德里克（Jean Frédéric Joliot-Curie）一同榮獲諾貝爾化學獎。居禮家族總共有四個人、合計獲得五座諾貝爾獎。

　　在瑪麗·居禮去世六十多年後的1995年，居禮夫婦的墓遷移到供奉法國偉人的巴黎「先賢祠」。她是第一位安葬在先賢祠內的女性。

04 相對論是什麼樣的理論？

愛因斯坦在1905年發表了「狹義相對論」，是在俄國革命和第一次世界大戰發生前十年左右的事。

◉什麼是相對論？

相對論一如其名，就是站在「萬物皆有相對性」的立場發展出來的理論。「相對性」的意思，是透過與其他事物的關係和比較而成立的狀態。

比方說，假設有個1公尺長的物體，我們通常都會認為不管是誰在看、誰來測量，1公尺就是1公尺。

但是，相對論的觀點，卻是1公尺的長度會因觀看者而異、1秒的長度會因觀看者而異。

◉相對論的內容

相對論大致可以分為**「狹義相對論」**和**「廣義相對論」**。

從名稱看來，似乎是談論普通常理的理論屬於「廣義論」，而談論例外事物的理論才是「狹義論」，但愛因斯坦的用意卻完全相反。他先是在1905年發表了「狹義相對論」，在十年後的1915～1916年才發表了「廣義相對論」。

兩種理論的主要內容如下所述。

a 狹義相對論

在「等速度直線運動」這個特殊條件下的運動相關定律，主要結論如下：

①觀看正在移動的物體時，物體長度看起來會縮短。

②觀看正在移動的物體時，時間的流動看起來會變慢。

③沒有比光速更快的物體。

④接近光速的物體無法再加速。

⑤質量（m）和能量（E）可以互換（$E = mc^2$，c是指光速）。

b 廣義相對論

在排除「等速度直線運動」這個條件的所有狀況下通用的定律，主要結論如下：

①物體周圍的時間和空間會扭曲。這股扭曲就是重力。

②有光絕對無法穿透的「黑洞」。

③宇宙始於一場大爆炸，至今仍持續膨脹。

從下一章開始，我們就來看看這些理論的詳細內容吧。

專欄 愛因斯坦其人

阿爾伯特・愛因斯坦（1879～ **愛因斯坦**
1955年）是出生於德國烏爾姆的理
論物理學家。他最具代表性的成就
有狹義相對論和廣義相對論、原子
和分子等粒子不規則活動的「布朗
運動」的數學性解析、依據「光量
子假說」的光線粒子和波動二象性研究。他從根本改變了
傳統物理學的認知，又有「20世紀最傑出的物理學家」
稱號。1921年，他因為「基於光量子假說的光電效應理
論的發現」而榮獲諾貝爾物理學獎。

愛因斯坦很有幽默感，留下許多趣聞軼事。以下就來介
紹其中幾段。

愛因斯坦曾經舉辦好幾場內容一模一樣的演講，讓他覺
得十分厭煩，連他的司機都已經背熟完整的講稿內容。

因此在某一場演講上，司機喬裝成愛因斯坦上台演講，
愛因斯坦本人則坐在觀眾席裡聆聽。司機出色地完成了這
場演講，但最後卻有觀眾提出了困難的問題，讓他支支吾
吾答不出來。於是，愛因斯坦便站起來說「其實這個問題
很簡單，就由身為司機的我來回答吧」，然後回覆了觀眾

的疑問。

愛因斯坦的興趣是拉小提琴，據説他的琴藝非常精湛，如果要引用專家的評語，那就是「"relatively" good（相對很好）」。

愛因斯坦在 1921 年獲得諾貝爾物理學獎，但他獲此肯定的成就並不是「相對論」，而是「基於光量子假説的光電效應理論的發現」。

相傳這是因為「相對論太過創新」、「愛因斯坦是當時受到歧視的猶太人」等緣故，有各式各樣的説法。但真相只有當年的評審委員才知道，即使在過了一百年的今天依然無人知曉。

第 2 章

相對性原理的基礎

01 伽利略的相對性原理

這一章，我們就從天動說和地動說來開始探討。

太陽每天都從東方升起，向西移動而在西方沉落。太陽落下後的夜空，是以北極星為中心，所有的星星都會以同心圓的軌道環繞著北極星運動。古代人看著這幅景象，理所當然會相信天動說了。

然而，隨著觀測方法的進步，觀測資料日積月累以後，開始有人對天動說提出不同的見解與質疑。結果，從天動說衍生、蛻變出來的理論，就是主張「轉動的是地球，天空並不會動」的地動說。

伽利略·伽利萊

◉天動說的根據

活躍於 17 世紀的義大利科學家伽利略·伽利萊[1]（Galileo Galilei），相信 16 世紀的波蘭科學家哥白尼[2]（Nicolaus Copernicus）提出的地動說，還發表了佐證的觀測資料和理論。伽利略的思想在他去世 250 年後驅動了愛因斯坦，成為

[1] 伽利略·伽利萊（儒略曆 1564 年～格里曆 1642 年） 義大利物理學家、天文學家。
[2] 尼古拉·哥白尼（1473～1543 年） 波蘭天文學家。

建構「相對論」的基礎。

　　哥白尼在發表地動說以後，依然有許多科學家繼續相信天動說。他們列舉的根據如下。

①如果地球會動，脫離地面飄浮的空氣應該會變成強風，導致狂風大作。

②如果把球往上拋，在球掉下來以前的這段短暫的時間，投球的人就已經跟著地球一起移動了，所以球應該不會掉回手中才是。

把球往上拋以後會怎麼樣呢？

●帆船實驗

但是，①只要解釋成「空氣並沒有與地球分離，而是和地球一起轉動」就可以了。

至於②，伽利略則是提出了船桅和球的實驗結果來佐證。讓球從靜止的帆船主桅頂端落下，球會掉在正下方，然而，讓球從行進中的船桅頂端落下，球依然掉在正下方。

把行進中的船代換成「在宇宙中移動的地球」來思考的話，可以證明從地球往上拋的球落回手中的現象，同樣也會發生在宇宙空間裡。

讓球從船桅頂端掉下來的話？

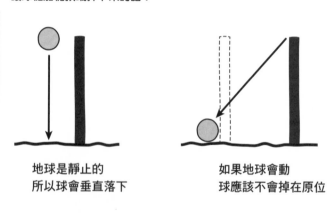

地球是靜止的
所以球會垂直落下

如果地球會動
球應該不會掉在原位

●伽利略的相對性原理

　　因此，伽利略認為根據「**不論是在靜止，還是以固定速度移動的環境下，物體的運動都不會改變**」這個想法所做的實驗，即使地球會轉動，在地面往上拋的球還是會回到手中。這就是「**伽利略的相對性原理**」。

　　不過，伽利略卻遭到教會施壓、強迫他撤回地動說。當時的伽利略僅回應：「即使如此，地球依然在轉動。」

02 等速直線運動如何發生？

上一節談到，伽利略做實驗使用的帆船，船帆因受到平穩的微風吹拂而鼓起，在風平浪靜的海面上流暢地前進。這時，船的方向不變（直線運動），速度也保持一定（等速度）。這種運動一般就稱作「等速度直線運動」。

◉在加速度運動下的物體移動

接下來，我們試著在電車裡將手中的球垂直往上拋吧。如果電車沒有加速和減速（等速度運動狀態）、也沒有行駛到彎道（直線運動狀態），往上拋的球就會再度回到手中。這個和在下車後，也就是在靜止狀態下往上拋球，得到的是同樣的結果。

在等速度直線運動下把球往上拋

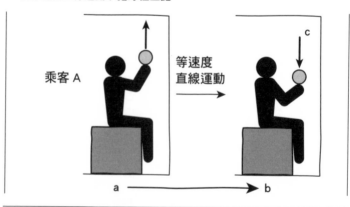

那麼，在電車正在加速的時候做同樣的動作，會發生什麼事呢？假設是在剛發車時，電車會使用能量，以便將車體和乘客往前推。乘客會一直被推向前方。

但是，發車時的「往前推動的力」，並不會作用在往上拋的球上。因此，球並不會跟著乘客往前進，而是掉落在拋球人的後方。

即使電車正在轉彎時也一樣，往上拋的球並不會回到拋球人的手中。

●在等速度直線運動下的物體移動

在進行等速度直線運動的電車裡，乘客Ａ垂直往上丟的球升到高度ｃ的位置後，又掉回Ａ的手中。我們來思考一下這個拋球的軌道吧。

從乘客Ａ的感覺來看，是丟上去的東西又直接回到手中，所以球只是進行了垂直的上下運動而已。當然，球的軌跡就如同 圖Ｉ 所示。

但是，在車站月台上的乘客Ｂ看來，這又會是什麼樣的情景呢。在乘客Ａ往上丟球到接球的這段時間，Ａ的位置會從ａ移到ｂ。而在ａ地點往上丟的球掉回Ａ的手中，代表球也一樣從ａ移動到了ｂ。

換句話說，乘客Ｂ觀察到的球，從ａ到ｂ以畫出拋物線（圖Ｉ）的方式移動了。

球的軌跡

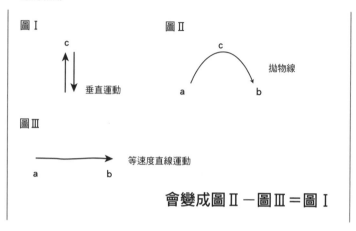

會變成圖Ⅱ－圖Ⅲ＝圖Ⅰ

這代表在等速度直線運動的環境下，物體的運動（圖Ⅱ）只要減掉等速度直線運動的部分（**圖Ⅲ**），就會等於在靜止環境下的運動（圖Ⅰ）。

也就是說，在做等速度直線運動的時候，「所有物理定律都和處於靜止環境一樣能夠成立」。這是我們在日常可以經驗到的事物，卻正好是相對性原理的基本概念。

03 當加速度發揮作用時，物體會發生什麼事？

在沒有加速度作用的狀態下，物體的動向就如同上一節所述。那麼當加速度發揮作用時，又會怎麼樣呢？

「站在哪個立場觀察」某個事物或現象的觀點，稱作**「參考座標系」**。

而參考座標系又可以再分為指稱加速度未作用的「慣性座標系」，以及有加速度作用的**「加速座標系」**。

◉慣性座標系

慣性座標系是指「靜止」或「做等速度直線運動」的物體，以及從這個角度觀察到的世界。尤其是描述絕對靜止狀態的參考座標系，又可以獨立稱作**「靜止座標系」**。

靜止座標系即是沒有移動的「參考座標系」，相當於停止的電車，以及在這個車廂裡觀察到的世界。相對地，做等速度直線運動的「慣性座標系」，是指電車在啟動後達到一定的速度時，維持這個速度做直線運動的狀態，以及在這個等速度直線運動的車廂裡觀察到的世界。這些條件下的環境全部都能統稱為「慣性座標系」。

◉加速座標系

電車改變行進速度、進入彎道的時候，就不是等速度直線運動，所以作用在電車上的就不是慣性座標系了。

這時發生的，是與慣性座標系相對的「加速座標系」，或是稱為「非慣性座標系」。加速座標系是指正在改變速度的電車，以及在這輛電車裡所觀察到的世界。改變行進方向實際上也是一種加速度運動，換言之，電車正在轉彎時的參考座標系同樣是加速座標系。

另一方面，加速座標系在「速度發生變化」或「停止改變方向」的時候，這一瞬間的運動也會變成**「慣性座標系」**

此外，力F會作用在處於加速座標系狀態的物體上。假設物體的質量為m、加速度為 α ，用公式來表示這股力，就會變成：

$$F = m\alpha \,^{*1}$$

◉等效原理

天體（宇宙）裡某個質量為m的物體，承受了用天體的重力加速度g得出的「$E = gm$」[*2]公式可以計算的力量。這裡特

---

*1 力F與質量m成正比，加速度 α 與力F成正比、與質量成反比。
*2 E是指能量。

地稱之為「重量」，用記號G表示。

因此，剛才的公式也可以寫成：

$$G = gm^{*3}$$

關於天體的重力生成的力G，和加速度生成的力F，愛因斯坦的解釋是「**如果無法透過實驗做到原理上的區別，那就假設兩者相等吧**」。這就是「**等效原理**」。

所幸有等效原理，科學家才能將天體的重力，替換成地球上可以實驗的加速度來思考。

愛因斯坦還認為，「包含重力的物體和加速度運動的物體在內，在所有物體當中，自然法則都同樣成立」，這就是「廣義相對論」的基本思維。

他反覆思索這個非常簡單好懂的原則，並逐步延伸其意義，最後才揭曉了那個「常識無法理解」的壯闊現象。後續我們就等到下一章以後再詳談吧。

---

*3　重量G會和重力加速度g與質量m成正比。

第 3 章
光速不變的原理

01 話說回來，「光」是什麼？

支持並引領現代科學的兩大理論，就是相對論和量子理論。大致而言，「相對論」的研究對象是宇宙，「量子理論」的研究對象是電子和原子。而在兩個理論中都扮演重要角色的，就是「光」。

◉什麼是光？

光和電波一樣，是一種「電磁波」的波動。

電磁波的波動長度（波長），是一公尺的幾百億分之一，非常地短，所以能夠傳遞到數公里或者更遠的距離。其中，人類肉眼可見的只有波長為 400～800 奈米（1 奈米為 1 公尺的十億分之一）的電磁波。在這個範圍內的電磁波，一般就稱之為「光」。

太陽傳遞的光稱作「白光」，看起來沒有顏色，但是用稜鏡分光以後，可以將之分成彩虹的七色[1]。這七個顏色就是光的成分。

---

[1] 彩虹由七種顏色組成是日本人特有的觀點。彩虹由幾種顏色組成的觀點，會因各個民族而異。

光的成分

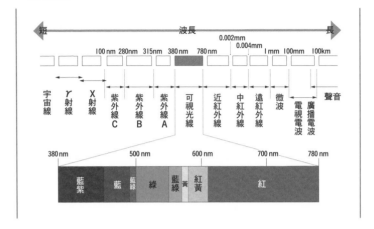

而且,光含有能量(E),因此可以用以下的公式計算能量大小。

$$E = h\nu = ch/\lambda$$

這道公式裡的 ν 是光的頻率,λ 是波長,c是光速,h是「普朗克常數」。

普朗克常數是表達光子具備的能量和頻率比例關係的比例常數,也是量子論特有的物理常數。普朗克常數的名稱是取自量子力學的創始人之一馬克斯 · 普朗克(Max Planck)[2],又可稱為「作用量子」。

---

[2] 馬克斯 · 卡爾 · 恩斯特 · 路德維希 · 普朗克(1858~1947年) 德國物理學家。發現了能夠說明黑體(能吸收並再放射出所有頻率電磁波的假想物體)放射現象的「普朗克黑體輻射定律」,並由此提出以「E=hν」表現的能量量子假說。他因此成為量子論的創始人之一,成就獲得肯定而榮獲1918年的諾貝爾物理學獎。

◉光的成分

用稜鏡為白光分光，可以區分出紅、橙、黃、綠、藍、靛、紫這七種顏色。大家都知道這是彩虹的組成顏色對吧？這個色彩順序是依照波長的長度來排列，紅色的波長最長，紫色的波長最短。

光的波長越短，能量就越大，所以擁有最大能量的是紫光。

波長比紫色更短的電磁波，稱作「紫外線」和「X射線」。在戶外照射過多紫外線，之所以會造成脫皮等皮膚問題，就是因為這些都是屬於高能量的光線。

另一方面，波長比紅色更長的電磁波，就稱作「紅外線」。雖然肉眼看不見紅外線，但皮膚卻可以感受到它的熱，因此紅外線的別名又稱作「熱輻射」。

此外，在相對論中探討的是「光的速度」，量子理論主要探討的則是「光的能量」。

02 光速一直都保持不變嗎？

相對論的大前提是「光速為全宇宙最快，且速度固定不變」。這是真的嗎？

◉光速會改變

先從結論來說，**光速會改變**。

光在真空中移動的速度為秒速 30 萬公里，也就是以一秒可以繞行地球七圈半的速度前進。然而光在空氣中行進，光速卻下降到真空的 99.97％；在水中則是降至 75％，在鑽石中甚至驟降至 41％、速度慢到一半以下。

◉相對論的主張

相對論在發表當時，關於光的論述主要包含三點，分別是：

①光（似乎）是所有物體中移動速度最快的；

②光速在真空中的行進速度為秒速 30 萬公里，且該速度會在不同物質中發生變化；

③光速保持恆定，與觀測者和發光體的速度無關。

然而，第三點這個說法卻實在令人無法想像，當然在當時也沒有任何觀測資料可以參考佐證。可以說這個論點完全違反了一般的常識。

●「光速不變」的真正含義

這裡就舉棒球為例,來解釋相對論的主張。

當投手投出時速150公里的球以後,那顆球以150公里的時速靠近靜止不動的打擊手。

如果這時打擊手以時速20公里朝著投手飛奔過去,「對打擊手來說」球速就會變成150公里＋20公里＝170公里。

相反地,假設有一輛汽車從投手丘以時速50公里駛向打擊區、駕駛坐在車上觀察投手投出的球,「從車上看見的」球速就會變成150公里－50公里＝100公里。這是常識,物體的速度會因為這些條件而增減。

然而,**相對論卻主張不論是觀測者朝著光源移動,還是光源朝著觀測者移動,光速都會保持在秒速30萬公里**。

這個奇妙的主張後來證明(應該)是正確的。1964年,科學家做了一場實驗,測量用光速的99.975%、幾乎接近光速的速度運動的「π介子」[1]釋放出的光線速度。結果,測量出來的光速竟然就是秒速30萬公里。

如果用常識推斷,結果應該是最大速度為30萬＋30萬的秒速60萬公里,或是30萬－30萬的靜止,抑或是介於兩者之間。但是,實際的光速卻保持在30萬公里不變。可見光速不會受到觀測條件影響,在所有狀況下都是秒速30萬公里。

---

[1] 以結合構成原子核的粒子「核子」的「核力」為媒介的一種基本粒子。當時擔任大阪大學講師的湯川秀樹,在中子論中預測了這個粒子的存在。而後來也如他所料,在1947年發現了「帶電π介子」、1950年發現了「中性π介子」。這些成就讓湯川在1949年成為日本首位諾貝爾獎(物理學獎)得主。當時日本正處於戰敗傷痕未癒的年代,這消息剛好為社會點亮了一盞明燈。

測量 π 介子的速度

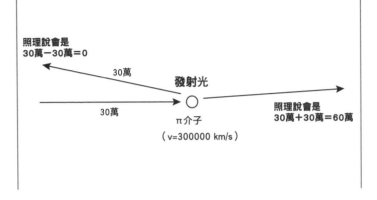

照理說會是
30萬－30萬＝0

30萬

發射光

○

π介子
（v=300000 km/s）

30萬

照理說會是
30萬＋30萬＝60萬

03 傳導光的物質——乙太

如前文所述,光是歸類於「電磁波」的波動。這是19世紀的科學家普遍已知的常識。

◉作為介質的乙太

波動需要有個傳遞的媒介。水面的波浪,是因為有水作為媒介才成立;聲波是因為有空氣作為媒介,才能以秒速340公尺的速度前進。

那麼,是什麼媒介在傳遞光線呢?以前的科學家相信這個媒介就是「乙太」。他們認為陽光之所以能夠傳送到地球,是因為太陽和地球之間有個叫作乙太的物質存在。

但是,卻沒有任何一位科學家能夠回答「乙太究竟是什麼物質」這個問題。

◉邁克生-莫雷實驗

有科學家試圖解決這個問題,他們就是美國科學家阿爾伯特・邁克生(Albert Abraham Michelson)[1]與愛德華・莫雷(Edward Morley)[2]。他們在1887年進行了一場著名的實驗,叫作「邁克生-莫雷實驗」。

這場實驗的裝置如下圖所示。

---

[1] 阿爾伯特・亞伯拉罕・邁克生(1852〜1931年) 美國物理學家、海軍士官。從事光速和乙太相關的研究。

[2] 愛德華・莫雷(1838〜1923年) 美國物理學家。與邁克生進行了邁克生-莫雷實驗,也從事大氣層的氧氣成分研究、熱膨脹、磁場內的光速研究。

邁克生－莫雷實驗

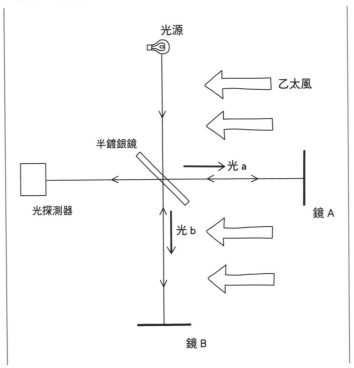

光源

乙太風

半鍍銀鏡

光探測器

光 a

鏡 A

光 b

鏡 B

　　從光源放出的光會照射在圖中央的半鍍銀鏡上。照到的光有一半（光a）會反射到鏡A，然後再反射出去、抵達光探測器。這條路徑就稱作「路線A」。

　　另一方面，半鍍銀鏡沒有反射出去的另一半光（光b）則是直接穿透前進、由鏡B反射出去，然後再由半鍍銀鏡反射到光

邁克生

莫雷

探測器上。這條路徑就稱作「路線B」。

如果乙太真的存在，假設乙太的「風向」如圖中所示，那麼路線A的光a在前進時會「迎風」，反射時會「逆風」，導致乙太風的影響互相抵消。但是，光b不論是前進還是反射，都會承受「側風」。因此，光a和光b的速度應該會出現差異、發生干涉，兩者抵達光探測器的時間應該也會有差異。

然而，不論他們重複做多少次實驗，結果發現兩者的抵達時間都一樣。

這場實驗讓眾多科學家開始懷疑根本沒有乙太這種物質，最終**由愛因斯坦徹底否定了乙太的存在**。

邁克生因為這場實驗，在1907年榮獲諾貝爾物理學獎。這是美國人首度在科學領域獲得諾貝爾獎。

04 光速可以測量嗎？

光速為秒速30萬公里，一秒可以繞行地球七圈半，快得令人難以想像。這麼快的速度究竟是如何測量出來的呢？

◉測量光速

光的真面目，長久以來一直未能釐清。「光是粒子」的說法與「光是波動」的說法互相對立。

不僅如此，光的速度也是一大問題。以前的科學家認為光速不可測量，甚至還設想「光速有無限大」。

羅默

最後解決了光速問題的，是丹麥的天文學家奧勒・羅默[1]（Ole Rømer）。1676年，羅默不只證明了光的速度有限，還成功測量出大致的速度。從日本歷史來看，這是在德川綱吉就任為第五代將軍五年前所發生的事。

◉木星的衛星運動

羅默利用天體運動來解決這個問題，特別是木星的衛星之一「埃歐」的動向。

埃歐和月食、日食一樣會發生「食」的現象，木星會進入埃

---

[1] 奧勒・羅默（1644〜1710年） 丹麥天文學家。1676年首度測量出光速的定量。另外還發明了能顯示「水的沸點與熔點」這兩個定點間溫度的現代溫度計。

歐和地球之間、遮住埃歐。羅默計算每個季節進入埃歐食的時間，結果發現開始的時刻會因地球繞著太陽公轉的位置而異。

埃歐食的開始時間不盡相同

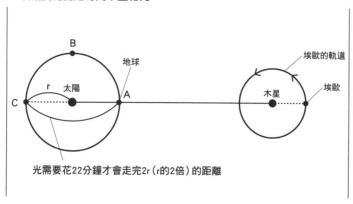

光需要花22分鐘才會走完2r（r的2倍）的距離

　　如果以地球在B位置的季節為基準，在距離1／4圈的A位置，埃歐食會提早11分鐘開始；而在反方向距離1／4圈的C位置，埃歐食會延遲11分鐘開始。

　　羅默認為這個現象可能是在食開始的那一瞬間產生的光，傳送到地球的時間差距。

　　也就是說，A地點和C地點的時間差距是11＋11＝22分鐘，相當於光從A移動到C所需的時間。這麼一想，後續就只是單純的計算問題了。

當時科學家已經知道地球公轉軌道的半徑，所以羅默根據這個數字來計算，得出光速為「秒速21萬公里」。

●羅默的觀察代表的意義

這個速度比正確的數值（秒速30萬公里）要小了很多，但這並不是羅默的錯，因為當時已知的地球公轉軌道半徑數值本來就很小。

這場實驗的意義，在於用合理的方式證明當時被認為速度「無限大」的光速，其實是有限的。這不正是足以記錄在人類科學史上的偉大發現嗎？

05 超越光速的物質存在嗎？

相對論主張「質量會隨著速度變大，達到光速後就是無限大」，也就是說「沒有可以超越光速的速度」。這到底是不是真的呢？

◉重大發表

2011年9月，名古屋大學、神戶大學、歐洲核子研究組織組成的共同研究團隊，發表了一個重大的研究成果。連一般大眾收看的電視新聞也不斷播報，讓許多觀眾屏息以待。

這則新聞的內容就是他們「可能」推翻愛因斯坦的相對論、發現了「飛行速度比光更快的基本粒子」。他們的主張是光子在（1秒內）飛行30萬公里的過程中，有一種基本粒子可以飛到它前方7.4公里。

◉微中子

這個比光更快速的粒子稱作**「微中子」**，是物理學界裡著名的基本粒子。微中子是在原子核反應當中的中子分裂成質子和 β 射線（電子）時生成。在日本岐阜縣的神岡礦山地底下，有個日本引領全世界的微中子觀測設施「神岡探測器」[*1]，這裡的觀測結果，分別讓物理學家小柴昌俊在2002年、梶田隆章在2015年榮獲諾貝爾物理學獎。

---

*1　參照第10章「日本觀測到星星的爆炸——神岡探測器」

什麼是微中子？

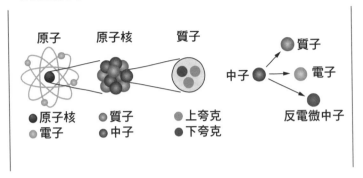

假使這場實驗得到的成果為真，那對全世界的科學研究會造成不計其數的影響。因此，這場發表會非常慎重。在新聞報導傳播出去以後，許多人都在關注事情的發展，想知道「物理學界會如何因應這個研究成果」。

但是，在嚴密檢驗過實驗儀器之後，很遺憾，結果證明了「在實驗容許的誤差範圍內，微中子的速度與光速相同」，於是團隊只能撤回這項發表。

◉迅子

另外還有一個飛行速度很快的基本粒子，叫作**「迅子」**。這種粒子的特徵是「最快速度和最慢速度都超越光速」，所以名稱取自希臘語中意指「快速」的「tachyon」。

不過很可惜的是，目前還沒有人能夠發現迅子，所以無法證

明它是否真的存在。

　有一種意外（具有意外可能性）的粒子叫作**光子**。近年來，科學界出現「光子大多是集體飛行」的說法，根據這個說法，一般已知的光子速度是群體的平均速度，在群體中會有光子遙遙領先，這個光子的速度（平均）比光速更快。

　此外，還有其他說法主張「不用物質的飛行速度，而是用移動速度表示的話」、「如果採取彎曲空間來移動的曲速引擎法飛行的話」，就會比光速還快。但是這類說法，就會衍生出如果粒子利用曲速引擎推進，是否還能單純稱作「速度」的疑慮。關於光速的爭論，今後還會不斷延續下去。

讓光子比賽跑步的話？

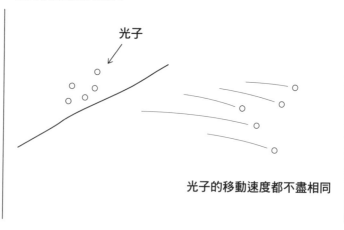

光子

光子的移動速度都不盡相同

這裡需要注意的是，**「光速是最快的速度」這個相對論的大前提，並不是「顯而易見的事實」**。相對論目前還處於尚未檢驗完成的階段。往後一定會再透過各種檢驗，醞釀出「新世代的經典理論」。

第 4 章
在光速中時間會延遲

01 每個人的時間速度都一樣嗎？

> 聽到相對論，就會想到「在太空中旅行不會變老」等各種不可思議的現象。但是，這終歸是「從日常的感覺來看很不可思議」，如果用相對論來思考，這些都是理所當然的事。

話說回來，相對論這套理論，只有在「光速」這個脫離現實的前提之下才有討論意義，沒有必要思考要是發生在日常生活的話該怎麼辦。

我們就用一場思想實驗*1，來看看這個在相對論下才能想像的神奇現象吧。

●什麼是「同時」？

如同第二章提到的實驗，在等速度直線運動的電車裡將球往上拋時，在同一輛電車裡的乘客看來，球只是單純地做垂直上下運動；可是在電車外的路人看來，球卻是呈拋物線隨著電車行進。換句話說，物體的動向會因為觀看者所在位置不同，而有不同的表現。

時間也會發生類似的現象。

下一頁圖中的太空船是以接近光速的固定速度，從左往右前進。艙內安裝了如圖所示的實驗裝置。

---

*1 利用腦中想像來進行的實驗。只要不違反科學的基礎原理，就可以將「無摩擦力的運動」、「沒有像差的透鏡」等極端的條件簡化、理想化後，來進行思考。
    愛因斯坦在16歲時就開始進行「自己正追逐著光」的思想實驗，後來也促成了相對論。

在太空船裡安裝這個實驗裝置

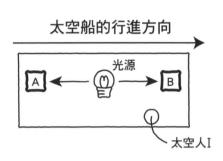

　　裝置的構造是先將光源設在中央，並在左右兩邊等距離的位置分別設置左A、右B兩台光探測器。當光進入探測器後，探測器就會同時發出光線，讓周圍知道它接收了光源的光線。

　　太空船裡的太空人 I 負責觀測這個裝置的動靜。由於光在任何狀況下都會以相同的速度前進，所以光同時抵達了探測器A和B。當然，A和B也同時發光。

◉同時性的相對性

　　剛才的實驗，是由搭乘太空船的太空人，在太空船裡觀看光線發射並抵達目標的情景。這次，我們站在從太空船外靜止的地方觀看這個情景的太空人 II 的立場，來思考看看。這就跟前面提到在電車外的月台上看球往上拋的狀況一樣。

從太空船外觀察實驗

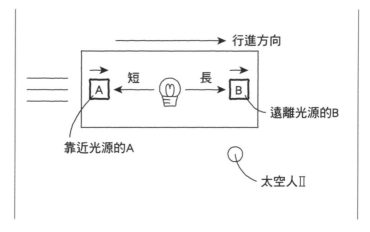

　　在這種狀況下的太空船，也就是實驗裝置會從左移動到右。而光源發出的光會朝左右兩個方向、以相同的速度飛行。光探測器A朝著光源靠近，光探測器B則是逐漸遠離光源。

　　那麼，光源發出的光會怎麼樣呢？想必應該會先抵達光探測器A吧。

　　換句話說，**對太空船裡的飛行員Ⅰ來說，光探測器「同時」發出的光，看在太空船外的太空人Ⅱ眼裡，發出的光有時差。**用更簡單好懂的說法，可以說是飛行員Ⅰ與Ⅱ各自依循的是「不同的時間」。

　　這個現象在相對論中，就叫作**「同時性的相對性」**。

02 以光速移動，就會老得比較慢嗎？

這是相對論當中最著名的命題之一：太空人搭乘以光速飛行的太空船，會老得比較慢。

◉時間膨脹

針對本節引言的命題，我們來假設有兩位同樣是30歲的同學，其中一位後來成為太空人，在以光速推進的太空船內執行任務，持續飛行30年。當太空人結束任務返回地球後，年齡只有48歲，可是他留在地球上的同學卻已經60歲了，儼然就是日本民間故事浦島太郎的再現。

其實，根據相對論，這是很合理的結果。我們來思考一下其中的原由吧。

舉例來說，假設我們從地球上觀看太空船以光速的一半速度飛行。這時，太空船上的太空人從船艙裡朝著30萬公里遠的鏡子發射光線，光線從發出到反射回來的時間總共歷經2秒。

接著，我們在地球上海拔30萬公里的地方設置一面鏡子，做和太空船內一樣的實驗。由於光速不會改變，因此光從鏡子反射回來的時間，和太空船一樣都會是2秒。

◉地球上的實驗

如果在地球上觀察太空船裡做的實驗，會變成什麼樣子呢？這個狀況就和前面看過的，在「等速度直線運動」的電車內往上拋的球的動向一樣。

假設太空船裡的太空人發射光線的地點是 a，在接收到反射光時，太空人已經前進到了地點 b。

意思就是，太空船內從地點 a 發出的光並不會回到地點 a，而是前往距離 a 有 30 萬公里的鏡子，之後再反射到地點 b。這時，a 到鏡子的距離會比 30 萬公里要長，同樣地，鏡子到 b 的距離也比 30 萬公里要長。也就是說，太空船裡的光，來回總共移動了 60 萬公里以上的距離。

光的來回距離會拉長

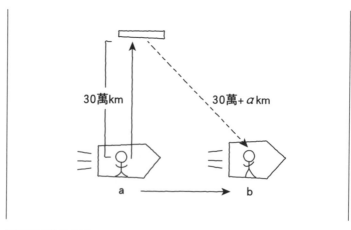

30萬km

30萬+a km

a → b

03 以光速移動，時間會延遲多少？

我們進一步推演上一節的考察，也許會發現意想不到的事實喔。

◉時間會延遲

在剛才的實驗當中，同樣在 2 秒的時間裡，光線在地球上前進了 60 萬公里，在太空船內則是前進了更長的距離。

光速的大前提是「在真空中保持恆定」，所以**「在太空船裡的時間行進，比地球上要慢」**。也就是說，太空船裡的 2 秒，比地球上的 2 秒要長。

但是，要觀測到這種現象，只能在太空船以接近光速、快得出奇的速度移動的狀況下。

因此，我們在日常生活中體驗到的「高速」，其實慢得根本不需要觀察。

◉計算範例

太空船裡的時間究竟有多慢呢？我們來計算看看吧。這裡要用的是在國中和高中學過的「畢氏定理」。

畢氏定理證明了直角三角形的「斜邊長的平方」，是其他兩邊「邊長平方的總和」。它的公式寫法為：

$$z^2 = x^2 + y^2$$

下一頁的圖片是根據上一節介紹的實驗插圖所繪製而成。相較於地球上的1秒，太空船的速度設為 v，太空船內的1秒設為 T。這樣就能畫出圖中的直角三角形。

底邊 x 是從地球看太空船在時間 T 內行進的距離，斜邊 Z 是從地球看太空船內的光線軌跡，邊 y 是光速 c（30萬公里）。

依照這個公式，即可算出 T 的數字。

假設太空船的速度為光速的80%，寫成「0.8c」，那麼圖中太空船內的1秒就等於「地球上的1.67秒」；反過來說，地球上的1秒等於太空船內的0.6秒。換算成年的話，地球上的1年相當於太空船內的0.6年，大約是7個月。

使用畢氏定理計算時間的延遲

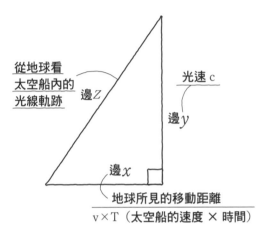

從地球看
太空船內的
光線軌跡　邊Z

光速 c

邊y

邊x

地球所見的移動距離

v×T（太空船的速度 × 時間）

$(cT)^2 = (vT)^2 + c^2$

$T^2(c^2 - v^2) = c^2$

$T = \dfrac{c}{\sqrt{c^2 - v^2}}$

假設 v = 0.8c

$T = \dfrac{c}{\sqrt{c^2 - 0.64c^2}} = \dfrac{c^2}{0.36c^2}$

$\quad = \dfrac{1}{0.6} = 1.67$

04 時間延遲程度的指標──勞侖茲因子

物理學家勞侖茲[*1]提出的「勞侖茲因子」，是用來表現太空船內的時間「與靜止座標系（地球上）相比，進行得有多緩慢」的指標。

●勞侖茲因子

舉例來說，「勞侖茲因子＝2」的標示，意思就是「太空船內的時間進行，比地球（靜止座標系）上的時間要慢2倍」。地球上的2秒相當於船內的1秒，地球上的20年相當於船內的10年。

我們通常可以經驗到的速度，勞侖茲因子絕大多數都是1；也就是說，勞侖茲因子與地球的時間（幾乎）沒有差異。

●光速太空船內的時間

太空船的速度一旦上升，兩者的時間就會產生差異。太空船的速度如果達到光速的0.9倍，勞侖茲因子就會上升到2.3。

換句話說，太空船內的20年等於是地球時間的46年。

和上上一節相同，一位30歲的同學留在地球，另一位搭上以光速80％的速度飛行的太空船。地球上的同學變成30＋30＝60歲，但太空船上的同學卻變成30＋（30×0.6）＝48歲。因此兩人在地球上重逢後才會如此吃驚。

＊1　亨德里克・勞侖茲（1853～1928年）
　　荷蘭物理學家。因發現並解釋了「將原子置於磁場中，通常為單一的譜線就會分裂成好幾條」的「塞曼效應」，而和彼得・塞曼（Pieter Zeeman）一同在1902年榮獲諾貝爾物理學獎。

速度的勞侖茲因子數值

速　度　V	勞侖茲因子 γ	船內時間 τ	地球時間 t
0	1	1 年	1 年
0.1	1.005	1	1.005
0.2	1.021	1	1.021
0.3	1.048	1	1.048
0.4	1.091	1	1.091
0.5	1.155	1	1.155
0.6	1.250	1	1.250
0.7	1.400	1	1.400
0.8	1.667	1	1.667
0.9	2.294	1	2.294
0.99	7.089	1	7.089
0.999	22.366	1	22.366
0.9999	70.712	1	70.712
0.99999	223.61	1	223.61
0.999999	707.11	1	707.11

＊V：相對於光速的比例

05 時間延遲與相對論的關係

相對論是「將萬物視為同一立場，思索其中關係的理論」。在目前
為止的討論中出現的「太空船」和「地球」也是同等立場。從地球
來看，太空船正在移動；但是從太空船來看，動的卻是地球。

◉太空船和地球都在進行等速度直線運動

　　兩個物體進行等速度直線運動時，我們不能問這兩個物體究
竟是哪一個靜止、哪一個在運動，因為它們都同樣在移動。

　　過去都是以「地球是靜止的，太空船正在移動」為前提來思
考，但也可以反過來，從「太空船是靜止的，地球正在移動」
的前提來思考。

　　於是，過去的討論就會全部反轉過來。從太空船看地球，地
球的時間比較慢，也就是陷入「不管是哪一邊的時鐘，都比對
方的時鐘還慢」的矛盾。

◉比較不同的物體

　　假設在光源從太空船放出光線的瞬間，分別在地球上和太空
船內的兩個人同時按下碼表。

　　在太空船內的碼表跑到 1 秒的同時，太空船內的飛行員檢查
地球上的碼表，結果發現還沒跑到 1 秒。因此從太空船來看，
地球上的時間比較慢。

另一方面，地球上的觀測者看著太空船內的碼表，在它跑到1秒的同時檢查自己的碼表，會發現已經超過了1秒。也就是太空船的時間比較慢。

　這代表**太空飛行員的同時，與地球上觀測者的「同時」並不一致**。結果兩者都需要比較其他的物體。兩人所說的「對方的時鐘比較慢」都沒有錯，因為他們彼此的時間都一樣慢。

06 浦島太郎的故事可能發生嗎？
——孿生子悖論

在探討這種時間問題時，一定會提到「孿生子悖論」。

●誰的年紀比較大？

假設有一對雙胞胎兄弟A和B，哥哥A成為太空飛行員，搭乘以接近光速飛行的太空船前往外太空探險，幾年後才回到地球。由於A是以光速做運動，時間的行進比地球緩慢，老得也比較慢。因此當他見到待在地球的弟弟B時，B應該已經比他還年長了吧？

然而，事情真的是這樣嗎？如同我們在前文所見，運動是相對的。從太空船的角度來看，運動的是地球，所以時間較慢的是地球，看起來比較年輕的應該是B才對。這就是「孿生子悖論」。

不過，這個情境假設其實暗藏一個陷阱。那就是我們把地球看作是進行以等速度直線運動的慣性座標系，卻沒有以同等的立場看待太空船。當太空船在航行時，會不停地作加速和減速運動，每當調整速度時，就不是處於慣性座標系了。由於加速度發揮這個效果，所以才會得到「是太空船的時間比較慢」的結論與情況。

●有壽命延長的實際案例嗎？

有個並不會實際老去、長命百歲的例子，那就是「基本粒子」。

當來自外太空的宇宙線與地球大氣層的原子核碰撞，就會產生名叫「緲子」的基本粒子。緲子是非常不穩定的粒子，在靜止狀態下的平均壽命為 2.2 微秒。緲子會以接近光速的速度飛行，但是在 2.2 微秒內可以前進的距離只有大約 660 公尺。

不過，在高度約 20 公里的高空中誕生的緲子，卻能到達地面、被觀測器觀察到。這就代表緲子在接近光速的高速運動中，時間過得比較慢，壽命也延長了約 30 倍。

第 5 章

在光速中長度會縮短

01 以光速飛行，太空船的長度會縮短？

科學包含了很多艱澀的理論，像是熱力學、反應速率理論、基本粒子理論等等。相對論在其中屬於較為困難的領域，這是為什麼呢？

◉相對論與常識

這可能是因為，相對論雖然談論的是我們日常可見的事物，卻又預測了大幅超出常識範圍的現象吧。

我們平常會運用時鐘、量尺（尺規）來生活，因此在感覺上都十分熟悉牛頓的「絕對座標」和「絕對時間」。

我們都以為，長度不論在哪個地方測量都一樣，時間不論在哪個地點都是以相同的速度前進。但是，相對論卻預測了「在高速下時間會變慢」這種違反常識的現象。所以，我們才會排斥相對論、覺得它「很難理解」。

◉勞侖茲收縮

相對論當中，還有另一個和「時間延遲」同樣令人難以接受的觀點，就是**「勞侖茲收縮」**。它談論的是「物體在高速狀態下，長度會縮短」的概念，名稱取自最早提出這個說法的物理學家亨德里克・勞侖茲。

勞侖茲收縮預測的現象是，假使長度100公尺的太空船以

光速的80%，也就是秒速24萬公里的速度前進的話，這艘太空船的長度就會縮短約60公尺。

但是，**只有朝著行進方向延伸的長度會縮短，太空船的高度和寬度並不會改變**。因此，太空船會變成像是前後壓縮的形狀。倘若速度接近光速，太空船就會被壓扁。

◉物體會被壓縮嗎？

那麼，長度縮短的物體看起來會是什麼樣子呢？如果物體（太空船）裡有人乘坐，這些人又會怎麼樣？

長度縮短的太空船裡的太空人，身體會和太空船一樣變薄。如果他躺在順著行進方向擺放的床鋪上，身高就會縮短大約1公尺。

但是不用擔心，這就和上一章談到的「時間延遲」一樣，**只是從太空船外看起來像是縮短了而已**。對搭乘太空船的機組員來說並沒有發生任何變化。因為測量長度的量尺本身縮短，所以本人並沒有變扁的感覺，同事看起來也與平常沒有分別。看起來改變的，終歸只是從外面所見的太空船外觀而已。

勞侖茲收縮

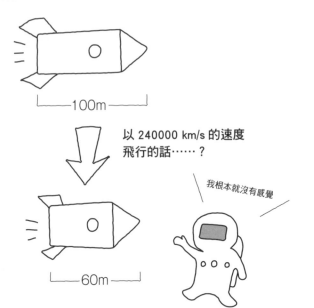

以 240000 km/s 的速度
飛行的話……？

我根本就沒有感覺

02 為什麼速度愈快，長度愈短？

我們來思考一下為什麼會發生勞侖茲收縮這種神奇的現象吧。

●測量太空船的長度

假設長度3公里的太空船以光速的一半速度飛行，行經停在空中、長度40公里的太空站旁邊。如果太空站要測量這艘太空船的長度（船體長度），要用什麼方法呢？

如果要測量太空船的長度，或許可以「在太空船經過太空站時，船頭與船尾同時發出雷射光、在太空站的站體上做出記

如何測量太空船的全長？

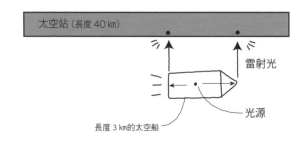

太空站（長度 40 km）

雷射光

光源

長度 3 km的太空船

號。之後再由太空站測量這兩個記號的間隔。

但是，太空船的飛行速度快得出奇，如果無法同時刻印兩個記號，那就沒有意義了。因此，我們可以把作法修改成「在太空船的中央設置光源，從這裡同時向船頭和船尾發射光線，船頭和船尾在接收到光線的同時發出雷射光」。

◉光抵達的時間

從結論來說，這個構想會失敗。因為，**從太空船的光源發出的光，抵達船頭和船尾的時間會出現差異**。當然，在太空船內並沒有這個差異，光會同時抵達船頭和船尾；但是，站在太空站的角度來看，就會出現差異了。

換句話說，船尾的雷射光會朝光源移動，而船頭的雷射光則會遠離光源。所以，船尾的雷射光會先接收到光，船頭的雷射光稍後才會接收到光，而在這個時差當中，太空船依然繼續往前推進。

結果，兩個記號的間隔會比太空船實際的船體長度3公里還要長（例如變成4公里）。也就是說，在太空船上看長度40公里的太空站，長度會收縮成30公里。這就是勞侖茲收縮。

太空船的前後抵達時間出現差異

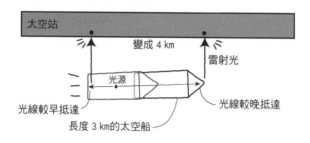

以接近光速移動，
物體間的距離也會縮短嗎？

剛才已經看過勞侖茲收縮的結果，是速度一旦加快，物體和景色看
起來就會變得扁平。那麼這裡就來看看「勞侖茲收縮和太空船飛行
的關係」吧。

◉太空船返航

假設一艘太空船要從距離地球 1.3 光年的行星返回地球，太
空船裡有一對年輕的情侶，打算 1 年後在地球上舉行婚禮。

太空船具備最大速度為光速 80% 的飛行性能。但是，即使
要以最快的速度飛完這 1.3 光年的距離，也需要 $1.3 \div 0.8 = 1.6$ 年以上的時間。那這兩人究竟能不能在地球上順利舉行婚
禮呢？

◉這是由誰所見的速度？

這裡的問題在於，各個速度和時間是由誰、在哪裡測量的？
1.3 光年是「從地球所見的距離」，舉行婚禮的「1 年後」則是
「從太空船所見的 1 年後」。

如前面所提的，太空船是以接近光速的速度飛行，所以時間
過得比較慢。根據勞侖茲因子（參照第四章）的理論，地球上
1 秒的時間，在太空船裡只過了 0.6 秒；也就是說，太空船的
1 年，相當於地球的 1.67 年。

所以，如果用光速80％的速度飛行1.67年，這之間的飛行距離為1.33光年，可以從容地返回地球。

返航的太空船

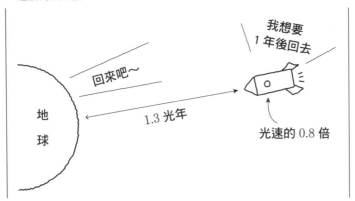

我想要
1年後回去

回來吧～

地球

1.3 光年

光速的 0.8 倍

●距離縮短

為了慎重起見，我們也從太空船的角度來分析看看吧。站在太空船的角度，地球正以光速80％的速度靠近，1年間靠近的距離為0.8光年，所以在1.3光年距離外的太空船無法及時抵達地球。

不過，若從太空船來看這個現象，勞侖茲因子會使距離縮短。對地球來說的1.3光年，在太空船裡相當於0.78光年，比地球在1年間靠近的距離0.8光年要短，所以太空船可以及時抵達。

04 速度再加上光速，結果會超過光速嗎？

在接近光速的領域，還會發生其他不可思議的現象。速度的加成就是其中之一。

◉速度在常識上的加成

假設從地球來看，以秒速20萬公里飛行的母艦上，有一艘太空船朝著母艦行進的方向，用秒速15萬公里的速度起飛。

從地球所見的這艘太空船，速度是20萬公里＋15萬公里＝35萬公里，已經超越了光速（秒速30萬公里）。相對論的前提是「沒有物體的移動速度可以超越光速」，所以這個想法並不成立。

之所以出現這種無法成立的數字，是因為「測速的狀況不同」。母艦的速度是從「地球」所見的速度，太空船的速度是從「母艦」所見的速度。將這兩者相加，就像是把不同幣值的金額相加，算成「20美元＋15日圓＝35美元」一樣。

◉速度在相對論上的加成

在相對論當中，速度的加成可以寫成「公式1（右圖）」[1]。把上面思想實驗裡提到的數字代入這道公式計算，就會得出地球所見的太空船速度為秒速26.3萬公里。

---

[1] 公式1的分母vu/c²中，一般世界的速度v、u和光速c相比非常小，所以這個項目的數值實際上是0。因此，公式1的分母為1，公式1便寫成V＝v+u。這就是一般的速度加成公式。

相對論就潛藏在我們的日常生活之中，但影響卻極為渺小。

不過隨著技術的進步，現代的日常生活中也出現了接近光速的物體。那就是地球的公轉速度，以及從地球發射的火箭速度，還有從火箭發射出的人造衛星的速度。計算這些物體的速度，都需要使用「公式1」。

而與我們的生活最為相關的，就是人造衛星的定位系統[*2]。這在智慧型手機上的地圖功能和導航系統上都很常見。如果沒有相對論的修正，導航資訊就會出現很大的誤差，根本派不上用場。需要透過導航精確導引的軍用火箭也是一樣，是藉由相對論才能正確計算出射擊地點。

速度加成以後？

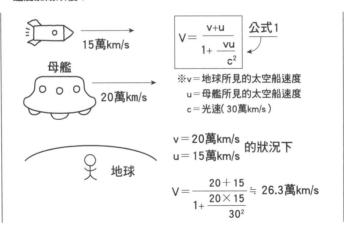

[*2] 根據相對論，人造衛星和地球之間，1天會產生100萬分之39秒的時差。雖然這段時間看似非常短，但換算成距離卻有10公里以上。這樣根本不能當作導航系統使用，所以需要考慮到相對論來進行修正。

第 6 章

能量等於質量

$$E=mc^2$$

01 「質量」和「重量」的差異

> 我們在國中的理化課上第一次學習物理時，最容易混淆的就是「質量」和「重量」的差異。

「質量」是物質固有的分量單位，不會因為環境而改變。相對地，**「重量」則是質量和「重力」**[*1]**相加後的結果**。

重力的大小會因地點而改變。以地球和月球為例，月球的重力只有地球的六分之一，因此在地球上體重60公斤的人，到了月球上體重就會變成10公斤、可以輕飄飄地行走。即使不特地前往其他星球，地球上的重力大小也會改變。像是中間僅僅只有數百公尺距離的東京車站和皇居，重力就不相同。

此外，太空站裡的重力為0，因此**科學上的記述都是以「質量」為主**。

◉質量是指移動的難度

關於質量最簡單易懂的定義，就是表示「移動難度」的指標。

舉例來說，鐵的比重約為7.85，而黃金的比重大約是19.32。黃金的比重是鐵的2倍以上。也就是說，要舉起同樣

[*1] 例如在地球上，赤道的重力比北極和南極要小約0.5%。即便是同一個地方，在月球或太陽的引力（潮汐）、地殼變動等因素的影響下，各個時間的重力也不盡相同。

大小的鐵塊和金塊，舉起金塊需要使出雙倍的力氣。在轉動相同大小的鐵球和金球時，也是同理。

在無重力狀態下亦然，移動金球需要的力氣是鐵球的2倍。

●天體的運轉

我們都認為月球是「繞著地球周圍運轉」。但是，正確來說並非如此。月球是繞著「地球和月球的重心」周圍運轉。然而，地球和月球的質量有很大的差異，所以兩者的重心就位在地球內部。

如果要更進一步理解這種關係，可以先思考一下相同質量的兩個恆星組成的「聯星」的運轉。這時，重心各自位於兩顆恆

兩個星球的質量不同時

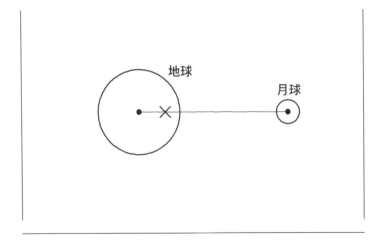

星的中間，兩個星球都是以這個重心為中心，同樣畫圓運轉。

但是，當個星球的質量不同時，就不會是這種情形了。重心會更加靠近比較重的恆星，兩個星球各自以這個重心為中心旋轉，所以較重的星球旋轉半徑偏小，較輕的星球旋轉半徑則偏大。

兩個星球的質量相當時

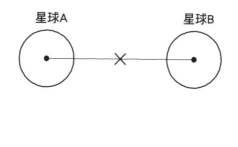

02 愈接近光速，質量就會變得愈大？

相對論當中的神奇現象，包含「越接近光速，物體的質量越大」。
這到底是怎麼一回事呢？

◉太空船加速

我們來想像一下太空船出航的情景吧。

假設我們為靜止狀態的太空船補充能源後，太空船的速度頓
時達到了光速的86.6％。接下來，我們再次為這艘高速飛行
的太空船灌注跟剛才等量的能源，結果速度上升了。可是，上

能量與速度的關係

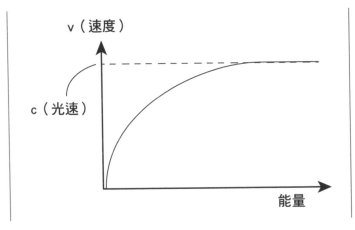

升的幅度只有光速的7.7％而已。

即使後來我們繼續灌注能源，上升的幅度卻越來越小。

如前頁圖表所示，加入越多能量，太空船的速度就越接近光速，但絕不會達到光速的程度。

◉越接近光速，質量越大

如果要解釋為什麼「太空船會移動得越來越慢」，原因就在於「太空船的質量會逐漸增加」。根據相對論，「物體的質量越接近光速，就會增加為無限大」。

那麼，灌注給太空船的能量都用到哪裡去了呢？這有很多種解釋，像是「用於強行移動變重的太空船」、「用來增加粒子的質量，也就是變成粒子的質量」等等。

◉搭乘者會變胖？

太空船的質量增加，代表「搭乘者的質量也會增加」。在接近光速飛行的太空船裡，搭乘者的體重會無限增加。這可是一件大事。

但是不必擔心，這只是從太空船外的靜止空間看起來增加而已，搭乘者本身並不會受到什麼傷害。

03 能量和質量的關係

上一節談到「物質的質量會因為移動的速度越快而變得越大,速度也越來越不易上升」。質量和加速所需的能量,和物質的移動速度究竟有什麼關係呢?

◉質量增加

「物體的質量會因為速度越快而變得越大」這個現象尤其對田徑選手來說,會特別辛苦。只要跑得越快,體重就會越重,導致速度下降,因而處於「需要兩倍的努力才能縮短時間」的狀況。

不過沒有必要擔心,根據相對論,用速度v移動時的物質質量,可以用下頁圖中的「公式1」來表示。

依照這個公式,如果是以時速300公里奔馳的高鐵,可以算出每100公斤只會增加0.0000000000004公斤(十兆分之四公斤)的重量,這是用現代技術很難測量出來的數值。用運動員奔跑的速度來計算,可以說是絲毫沒有影響。

◉加速能量增加

「公式2」是比較移動中的物質在加速時所需的能量,與從靜止狀態加速時所需的能量。依照這道公式,可以得知「速度需要無限大的能量才能達到光速」。

但是「無限大的能量」並不存在，所以得證**沒有可以超越光速的物體存在**。

用公式表現能量和質量

公式1　「用速度V移動時的物質質量」

移動中的質量＝原本的質量$\div \sqrt{1-(\frac{v}{c})^2}$

公式2　「移動中的物質加速時所需要的能量」

使移動中的物體加速的能量 ＝ 使靜止中的物體加速的能量 $\div \sqrt{1-(\frac{v}{c})^2}$

04 質量可以等同能量嗎？

> 相對論導出的公式當中，最有名的就是「E＝mc²」。這道公式表達的是「能量E和質量m相等（可互換）」。也就是說，「能量可以代換成質量、物體，質量可以代換成能量」。

◉能量轉換成質量

上上一節談過「灌輸給太空船的能量，會隨著速度上升而逐漸變成速度以外的東西」。但「速度以外的東西」是指什麼？如果太空船的速度沒有如預期中的增加，就可以看成是太空船變成「不容易移動的東西」。

從結論來說，**是質量把物體變成「不容易移動的東西」**。灌輸給太空船的能量E，變成了太空船的質量。

◉電子的質量變化

下一節我們再看質量代換成能量的例子，這裡先來看「能量變成質量的例子」吧。

假設我們為兩個電子A、B灌輸能量，將A加速到光速的99.0％，B加速到光速的99.9％，並且讓這兩個電子撞擊牆壁，比較兩者破壞牆壁的能量，結果發現B擁有的能量是A的3.5倍。

運動能量可以用「$mv^2/2$」的公式表現。A和B的速度v的差別，相對於光速是99.0%和99.9%，只有0.9%而已。

不過，B的能量為什麼會變得那麼大呢，可以推論是因為A和B的m（質量）互換了。

也就是說，在靜止狀態下，兩者的電子質量都是m，但速度改變，導致質量也跟著改變，所以B比A多了將近3.5倍的能量可以累積成質量。

◉ $E = mc^2$ 和速度的關係

相對論中「物體以速度v運動時的能量E」的概念，可以寫成下頁圖中的「公式1」。

在這道公式裡「$v = 0$」，也就是當物體靜止時，會寫成「$E = mc^2$」。但是，當v變大、接近光速c時，E就會越來越大；直到變成$v = c$時，公式1的分母就變成了0，失去了意義。

速度為光速c的粒子，也就是擁有1個光子的能量E，可以根據波動的原理寫成圖中的「公式2」，與剛才所見的振動頻率成正比，與波長成反比。

E = mc² 和速度

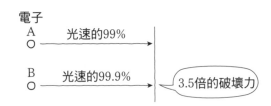

<公式 1>
$$E = \frac{mc^2}{\sqrt{1 - (\frac{v}{c})^2}}$$

<公式 2>
$$E = h\gamma = \frac{ch}{\lambda}$$

※ γ = 振動頻率
λ = 波長
h = 普朗克常數

05 解謎愛因斯坦的經典公式「E = mc²」

> E = mc² 是非常著名的公式，又稱作「愛因斯坦公式」。

這道公式的 E 是能量，m 是質量，c 是光速，意思是**「物質的質量和能量可以互換（簡單來說就是相等）」**。因此，知名的「物質不滅定律」或是有「質量守恆定律」之稱的「熱力學第一定律」，又可以稱作「能量守恆定律」。

這道公式的特徵，是它的能量非常龐大。究竟有多麼龐大呢？以下就來舉例說明吧。

●原子核反應

相對論的研究對象是光速這類在與現實生活無關的領域裡發生的現象。這裡介紹的「原子核反應」，要談的並不是速度，而是「能量」會變得異常龐大的定律。

我們來看實際的例子吧。根據這個定律，質量 1 公克的物質變成能量時，能量會：

- 等於 $8.98755 \times 1013 J$[*1]
- 等於 $2.49654 \times 1017 kWh$[*2]
- 等於 $0.2148076431 Mt$（TNT）的熱量

[*1] 焦耳。相當於在地球上要將約 102 公克重的物體舉到 1 公尺的高度時所需的能量。

[*2] 千瓦‧時（度）。1 小時消耗或發出 1 千瓦電力時所需要的電力量。

如果是質量10公克的物質，能量就等於可以把裝滿一座埃及「古夫法老金字塔」的水量（260萬立方公尺），從20℃加熱到100℃的能量。

●龐大能量的意義

關於上述第三點的單位「Mt（TNT）」，我們先分成「Mt」和「TNT」來個別說明。

Mt是百萬噸，也就是「100萬公噸」（TNT），意思是「換算成TNT」。TNT是指砲彈和炸彈使用的標準化學炸藥「三硝基甲苯」。**1Mt（TNT）的能量就是相當於100萬公噸TNT炸藥爆炸力的能量**。

讓1945年8月6日投在廣島的原子彈發生核分裂反應的，就是填塞在炸彈裡的鈾235（約50公斤）。當時產生的能量推測約為0.16百萬噸，即16萬噸的程度。

如果是藉由原子核融合來產生能量的氫彈，生成的能量更是大到無可比擬。例如1961年舊蘇聯做過試爆實驗的沙皇炸彈，能量就高達50百萬噸。這是第二次世界大戰全世界的軍隊使用的TNT炸藥總量的25倍，為人類曾引爆過的炸彈能量的最高紀錄。

沙皇炸彈

粒子必然成對生成與消失嗎？
——成對產生、成對消滅

> 構成原子的是質子、中子組成的「原子核」與「電子」。質子帶有
> 正電荷，電子帶有負電荷。不過，也有負電荷的質子和正電荷的電
> 子存在，這種粒子一般稱作「反粒子」。

●反粒子

釐清原子、電子等微粒子動向的學問稱作「量子力學」。其
奠基者是奧地利科學家薛丁格[1]（Erwin Schrödinger）所發明
的「薛丁格方程式」。

1928年，英國物理學家狄拉克[2]（Paul Dirac）導出了「狄
拉克方程式」，毫無矛盾地結合了薛丁格方程式與相對論。在
這個過程中，他預測了「和普通的粒子相同、只有電荷相反的
反粒子」存在。

許多科學家都對這個預測抱持懷疑的態度，但是到1932年
就發現了屬於電子反粒子的反電子（正電子），後續在1955
年又發現了反質子、1956年發現了反中子。

在1995年，發現了反質子的周圍有反電子環繞的「反氫原
子」；現在則發現並利用核子反應爐合成出了反氘原子核、反
氚原子核、反氦原子核等反粒子。

---

*1　埃爾溫·魯道夫·約瑟夫·亞歷山大·薛丁格（1887～1961年）　奧地利的理論物理學家。
　　1933年和英國理論物理學家保羅·狄拉克共同以「發現原子理論的新形式」的成就，榮獲諾貝
　　爾物理學獎。
*2　保羅·阿德里安·莫里斯·狄拉克（1902～1984年）　英國理論物理學家。1933年與薛丁格共
　　同榮獲諾貝爾物理學獎。

●成對產生與成對消滅

如果利用高速飛行的粒子互相撞擊，讓高能量集中在真空中的某一點，粒子和其反粒子就會組合成對。這種現象稱作**「成對產生」**，體現了「$E = mc^2$」的意義，能量 E 生成了質量（物質）m。

相對地，反粒子遇見粒子後，兩者就會一同消滅變成 2 個光子。這種現象稱作**「成對消滅」**，這也是依循「$E = mc^2$」的反應，質量 m 有效率地轉換成能量 E。

在電子和反電子的成對消滅現象當中，生成的 1 個光子會具有 1 個電子的質量和同等的能量。這股能量也等於 511 千電子伏特。這是能量非常高的光，屬於高能量的 X 射線（伽馬射線）的同類。

成對消滅

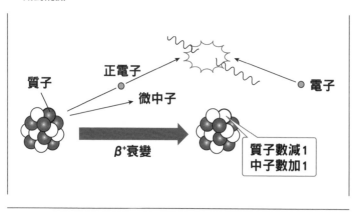

質子

正電子

微中子

β⁺衰變

電子

質子數減1
中子數加1

觀察銀河系的中心，每1立方公尺每秒就可以觀測到相當於10億個光子量的伽馬射線。由此計算，可得知**銀河系裡每秒都有100億公噸的正電子消滅**，進而體會到宇宙的壯闊無垠。

專欄 如何導出「E＝mc²」

　　在 E＝mc² 的公式中，E是能量，m是質量，c則是光速。這個公式代表的是物質的質量和能量可以互換，簡單來說，就是「兩者相等」。

　　我們就透過思想實驗和計算，來試著導出這個公式吧。

　　假設擁有能量E的2個光子，分別從左右兩邊撞擊了質量M的物體。撞擊的光子被物體吸收，能量E替換成了質量m。

　　於是，吸收了2個光子的物體質量「M'」，就變成：

$$M' = M + 2m \cdots\cdots\cdots ①$$

接下來，我們從這個運動以速度 v 朝下做等速度直線運動的參考座標系來看。物體看起來是以速度 v 往上運動。

　　因此，我們來計算一下這個「物體和光子組成的參考座標系」往上運動的量吧。

運動量可以用「質量與速度的乘積」來計算。這時，光子在衝撞前的物體運動量為「Mv」，與光子衝撞後的物體運動量為「M'v」。

而像光子一樣高速飛行的粒子運動量，根據牛頓時代的古典力學，可以得知粒子的能量E除以光速c的E/c。

那麼，站在等速度直線運動中下降的參考座標系角度來看，光子會和物體一樣以速度v上升。所以，衝撞後的物體向上的運動量裡，也包含了光子的運動量。用直角三角形來思考的話，那就是：

$$2 \times (E/c) \times (v/c) \cdots\cdots\cdots ②$$

也就是說，

$$M'v = Mv + 2(E/c^2)v \cdots\cdots\cdots ③$$

從這個公式裡刪除v以後，就是：

$$M' = M + 2(E/c^2) \cdots\cdots\cdots ④$$

將這道公式代入前面的公式1，就會變成：

$$M + 2m = M + 2(E/c^2)$$
$$2m = 2(E/c^2)$$
$$m = E/c^2$$

結果，就會導出愛因斯坦公式：

$$E = mc^2$$

用算式導出 E=mc² 的話

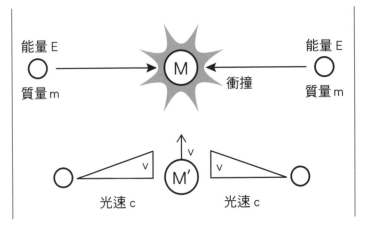

第 7 章
重力與時空的扭曲

01 「質量」和「重力」的差異

「重力」在物理學和天文學的領域裡，是和質量同等重要的概念。
因此，自古就有許多科學家一直研究至今。
我們就先從基本的理論開始依序來看吧。

◉古典物理學的重力論

古典物理學的基礎，就是牛頓的力學。

這個理論的基礎，是所有物體都會互相吸引的「萬有引力定律」。最有名的就是「蘋果從樹上掉落」的故事了吧。重力會「把物體吸引到地球」，也就是往下掉落現象的根源。

作用在地球上的力

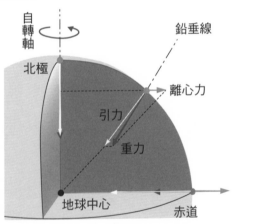

那麼，重力和引力指的是同一種東西嗎？

其實不然。就好比我們提著裝了水的水桶轉圈、水卻不會灑出來一樣，在旋轉中的地球上的所有物體，都承受著一股「來自地球自轉的離心力」。離心力有把物體拉離地球的作用，所以**地球的重力就是「引力和離心力組成的力」**。

●重力與距離

重力會因為距離地球越遠而越小。在距離地球約400公里上空的國際太空站裡，承受的重力就是地面的89％。作用在距離地球約38萬公里遠的月球上的地球重力，僅僅只有地面的0.02％而已。

地球的重力與月亮繞著地球公轉所產生的離心力恰好互相制衡，所以月球並不會被地球拉過來撞擊地面，也不會因為離心力而飛到宇宙的彼方。

●質量

質量是「所有物體原本就具有的量」，可以表現為**「移動的難度」**。此外，質量只要加上重力，就能知道該物體的重量。

那麼「質量」到底是什麼呢？關於這個問題，就連現代科學也還無法詳細釐清。不過有一個理論利用了構成宇宙的「基本粒子」及其交互作用，提出解釋質量的「標準模型」。根據這個模型來研究宇宙的結構，結果發現了**「希格斯玻色子」**。

2013年，這個粒子的發現者弗朗索瓦・恩格勒（François Englert）和彼得・希格斯（Peter Ware Higgs）因此榮獲了諾貝爾物理學獎。

專欄 希格斯玻色子

　　在138億年前剛發生大霹靂時，物質還沒有質量。但是在大霹靂後過了約10秒鐘，物質就出現了質量。這個質量的成分是「希格斯玻色子」。希格斯玻色子與物質結合後，才會產生質量。

　　科學家在20世紀中葉預測有這個粒子存在，但是並沒有實際發現，直到2012年才終於發現。

　　發現者是瑞士日內瓦近郊的歐洲核子研究組織（CERN）的研究員。CERN是歐洲各國共同建造的粒子加速器，是運用質子、電子等粒子的電場和磁場之力加速到接近光速的加速裝置。讓透過這個裝置加速到接近光速的兩個粒子互相撞擊後，粒子遭到破壞、營造出類似大霹靂的狀態。他們就利用這種人為的方式激發並觀測到希格斯玻色子。

　　發現希格斯玻色子的大消息，讓布魯塞爾自由大學的教授弗朗索瓦‧恩格勒，和愛丁堡大學榮譽教授彼得‧希格斯，在2013年以「發現基本粒子質量的生成機制理論」而榮獲諾貝爾物理學獎。

02 平行線會相交嗎？

接下來，我們來思考一下以相對論為基礎的重力理論。這個理論的重點在於「空間」的概念。

我們平常住在「三維空間」裡，也就是有「長、寬、高」的空間。而這裡的「空間」可以分為兩種，那就是「**歐幾里得空間**」與「**非歐幾里得空間**」。

◉歐幾里得空間

我們在上數學課時，都學過「兩條平行線無論延伸得多遠，都不會相交」。

另外，大家應該也都知道「所有三角形的三個內角角度總合都等於180度」、「假設圓的半徑為r，圓周長就等於$2\pi r$」。

如此熱心鑽研出這些平行線、三角形、圓形定理的，就是古希臘數學家歐幾里得[1]。根據他的研究所建構的數學（幾何學），就是「歐幾里得幾何學」。

這個幾何學成立的空間，叫作「歐幾里得空間」。換句話說，歐幾里得空間即是指**我們日常生活的空間**。

---

[1] 亞歷山卓的歐幾里得（西元前3世紀？）是住在古埃及的希臘數學家、天文學家，《幾何原本》的作者。

●非歐幾里得空間

另外，也有平行線會相交、「違反常識」的空間存在。

假設地球的赤道上有兩座機場，分別有一架飛機朝向正北方起飛。

兩架飛機彼此保持平行，一路往北方行進。然而，隨著它們越靠近北極，彼此的間隔距離卻變得越小。直到抵達北極時，兩架飛機就會相會、機頭互相撞擊。

這是因為飛機是沿著地球的「球面」飛行的緣故，也就是兩架飛機的空間扭曲成為球狀。造成這種現象的幾何學，稱作「非歐幾里得幾何學」；依據非歐幾里得幾何學成立的空間，則稱作「非歐幾里得空間」。

在這個空間裡，三角形的內角總和會大於180度，圓的圓周也會比$2\pi r$要短。

重力如何扭曲空間？

在相對論中，視重力為「會扭曲空間的現象（空間扭曲）」。我們就來看看這是什麼樣的現象吧。

◉無重力空間中的箱內球體

我們試著在無重力空間中的大箱子裡，讓兩個球體飄浮在水平相距50公分的位置，此時球體會並排浮在半空中。

我們把箱子往上移動。如果箱子裡有人，對這個人來說，這兩個球體看起來就會並排往下掉落。

◉自由落體狀態下的箱內球體

接著，我們在從高處往下自由落體的大箱子裡，進行相同的實驗。在箱子掉落時，兩個球體是否會在箱內繼續保持50公分的距離飄浮著呢？

接下來，我們來阻止箱子自由落體，結果只剩下球體自由落體，球體會在箱內繼續掉落。

在這種情形下，兩個球體的距離會變成什麼樣子呢？

球體會受到地球重力的吸引而掉落。重力是朝向地球的中心。地球是一種球體，所以這時的「朝向」是從地球中心呈放射狀的方向。兩個球體會各自沿著放射線掉落，距離會逐漸縮

小，最後互相撞擊。這個現象就和剛才談到的飛機衝撞一樣。

◉箱內球體的垂直距離

我們再用上下保持間距的兩個球體，來做相同的實驗。重力會因距離越遠而變得越小，所以上方的球承受的重力比下方的球要小。

箱內球體的垂直距離

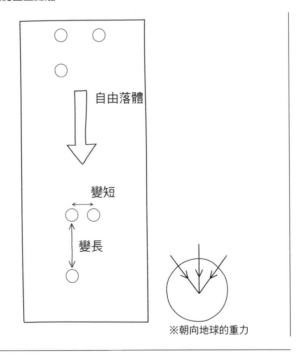

自由落體

變短

變長

※朝向地球的重力

結果，落下的兩個球之間的距離就會越拉越大。這種現象在相對論裡，描述為「重力會扭曲空間」。

　　愛因斯坦認為，兩個球體只是正在自由落體，但掉落的軌跡卻不同，是因為空間扭曲了。

　　如果更進一步引申這個觀點，便可以推論出「重力就是空間的扭曲」。假定物體A之所以會「因為重力」被吸引到另一個物體B，是因為掉進了物體B所製造出的空間扭曲裡。於是可以推論行星之所以環繞著恆星公轉，是因為「掉落力與離心力互相制衡的緣故」。

04 重力也能扭曲光線嗎？

光線會筆直前進，也會彎曲。光線彎曲的代表例子就是「進入不同的物質時」，這種現象稱作「折射」。但是，在真空中前進的光線也會彎曲，原因就在於受到重力的影響。

●照進電梯裡的光

假設有一台可以在周圍什麼都沒有的真空宇宙空間裡上下升降的「太空電梯」。這裡設定了一個條件，就是「光在太空中以水平方向前進」。

接著，電梯裡光線可以照射進來的那面牆上開了一個小洞，有人搭上這台電梯，從裡面觀察照進來的光。

當電梯停止不動時，照進來的光會與電梯地板平行。

那麼，當電梯以一定速度上升（等速度直線運動）時，看起來又會是什麼情形呢？

從小洞裡照進來的光，會從水平開始變得傾斜，但光本身看起來還是直線前進。

當電梯加快了上升速度後，光線看起來又是什麼情形呢？

這時，電梯平均每個單位時間的上升距離會逐漸變大，光的軌跡從直線變成「往下彎的曲線」。在加速空間裡，光看起來是扭曲的。

照進電梯裡的光會變成什麼樣子？

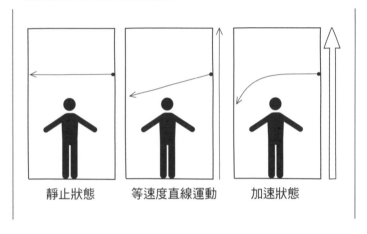

靜止狀態　　　　等速度直線運動　　　　加速狀態

●空間的扭曲

構成相對論的重要支柱之一，就是**「等效原理」**。它是指**天體周圍的「重力場」和「加速座標系」是等效的。**

依照這個原理，「加速中的電梯裡」這個加速座標系所發生的現象，在重力作用的地方也會發生。如果光在加速座標系中會扭曲，那麼在重力場中也會扭曲。

這在相對論裡稱作**「空間的扭曲」**。也就是說，光線（預計）要直線前進，但傳遞它的空間本身卻扭曲了，結果光也會朝著扭曲的方向前進。

05 我們如何看到重力的作用？
——重力透鏡效應

> 「重力會扭曲光線」是傳統的牛頓力學根本無法想像的現象。但是，根據相對論主張的「重力是因時空的扭曲而產生」，光受到重力扭曲是理所當然的結果。
>
> 到了1919年，一張照片揭示具體的實例，讓起初半信半疑的人，也因此認同了相對論。

◉扭曲光線的是巨大質量

根據相對論，「重力會扭曲時空，也扭曲光的行進路線與光程」。但是，扭曲需要非常大的重力。對身為太陽系居民的人類來說，最方便取得這種規模重力的存在，就是太陽。

◉重力透鏡效應

於是在1919年，科學家針對月球遮住太陽的日食現象，進行一場確認太陽後方星球位置的實驗。

這場實驗發現星球的實際位置，與看起來的位置不同。這就是足以支持「太陽的重力扭曲了光程」這

1919年拍攝的日食

個說法的最大證據。這種現象就稱作「重力透鏡效應」。

●愛因斯坦十字與愛因斯坦環

愛因斯坦十字

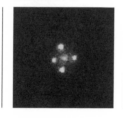

不是只有太陽才會造成重力透鏡效應。觀測遠比太陽系更大的天體時，作為觀測對象的恆星與地球之間存在的銀河系，也會有重力透鏡效應。

最著名的例證，就是一個星體的實像周圍會出現四個虛像的「愛因斯坦十字」（如圖），以及實像的周圍會出現環形虛像的「愛因斯坦環」。這兩種現象，都曾經由設置在太空中的哈伯太空望遠鏡拍到。

近年，科學家運用重力透鏡效應，嘗試觀測遠在數億光年之外的超遠方天體。這項研究或許可以更深入了解在大霹靂之後生成的年輕宇宙，以及將來的宇宙吧。

06 愛因斯坦最後的功課——重力波

廣義相對論認為重力是「由質量造成的空間的扭曲」。如果將這個
觀點繼續延伸下去，可以導出質量造成的扭曲會像波動一樣以光速
向外傳播的「重力波」現象。這個現象稱作「愛因斯坦最後的功
課」，非常難以理解。

●重力波的發現

自愛因斯坦預測重力波的存
在以來，許多科學家都不斷努
力嘗試去發現重力波。

重力波

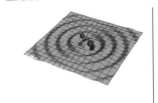

但是，重力波非常微小，即
便是黑洞或中子星碰撞這類巨
大的質量活動，因此而搖晃的
太陽和地球距離的幅度，也只有原子的半徑那麼大而已。

到了2015年9月14日，這個「最後的功課」才終於完成。

這一天所觀測到的重力波，是由距離地球13億光年遠的2
個黑洞碰撞所造成。其中一個黑洞的質量為太陽的36倍，另
一個則是29倍。

不過，兩者融合形成的新黑洞，質量卻是太陽的62倍。原
來，這相當於3個太陽的質量之所以消失，是依照前面的「E

觀測到重力波的「LIGO」

＝mc²」公式變換成為能量，以重力波的形式發射出去。

但是，儘管是如此龐大的變化，科學家觀測到的空間扭曲程度，卻只有1公釐的一兆分之一的百萬分之一而已。

專欄 LIGO（雷射干涉儀重力波天文台）

LIGO（Laser Interferometer Gravitational-Wave Observatory）英文直譯是「雷射干涉儀重力波天文台」。這是為了檢測愛因斯坦主張存在的重力波而設立的大型觀測設施。

2016年2月11日，LIGO的研究員宣布在2015年9月14日9點51分（UTC）檢測出了重力波。這個重力波是在距離地球13億光年遠的兩個黑洞（其質量分別是太陽質量的36倍與29倍）互相撞擊融合後所產生。從發現到發表之所以花了5個月，是因為需要很多時間分析觀測的結果。

第 8 章

粒子性與波動性

01 光是波動，電子是粒子

17世紀，在工業革命以前發表的牛頓力學，當時被視為明確解釋了所有物理學的疑問。

但是，之後在「電磁波」、「光」、「電子」方面卻發生了問題。這個不穩定的微弱餘波最終越擴越大，撼動了當時的物理學會。

◉光是波動

其中一個問題，是關於「光和電子的關係」。

光具有波動的性質。既然是波動，那就有「波長」λ 和「振動頻率」ν 。

光具有波長和振動頻率

波長較短
➡能量較大

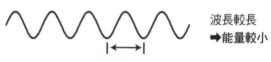

波長較長
➡能量較小

這個間隔稱作波長

光是波動的例證，最常提到的就是「**繞射現象**」。這個現象可以透過下面的實驗來解釋。

圖A是在平板上開兩個洞，讓光線穿過。結果，穿過的光是以洞口為中心擴散成半圓形，用圖表表現光線在兩個洞連成的線上的強弱程度，可以畫成圖B。圖中呈現有明顯起伏的左右對稱圖形。

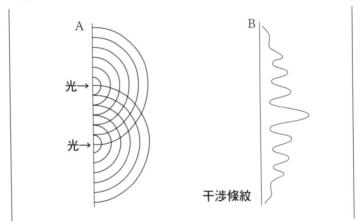

◉光的干涉現象

另外還有一個著名的例證，就是多道光波重合後形成強弱分布的「**光干涉**」。

蛋白石

閃蝶

光的干涉可表現成色彩的變化。舉生活中的物體為例，蛋白石、閃蝶屬的蝴蝶翅膀顏色、熱帶魚藍刻齒雀鯛的身體顏色、人類的藍色瞳孔，或是CD光碟表面的彩虹色，都會發生這個現象。

引用剛才的圖A，也能解釋光的干涉現象。

兩個洞口各自的光圓弧重疊後，就會形成高高、高低、低低組成的強弱起伏，畫出來就是剛才的圖B。

另外一個問題就是關於「電子」。

當時，「電子是粒子還是波動」的問題是物理學界的一大爭議。最後為了解決這個爭議而扮演重大角色的，就是原始的實驗裝置「雲室」。

◉霧的下降速度

右頁圖中的裝置就是雲室。圖A是讓真空的箱子（雲室）裡籠罩著粒子大小相同的少量雲霧。結果，霧的粒子隨著時間的經過而依循重力落下。由於粒子的大小相同，所以每個粒子的落下速度幾乎相同。

圖A

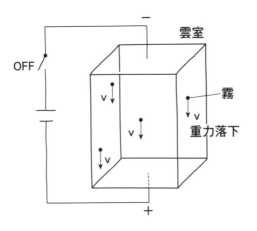

雲室

OFF

霧

v

v

v

v

重力落下

−

+

圖B

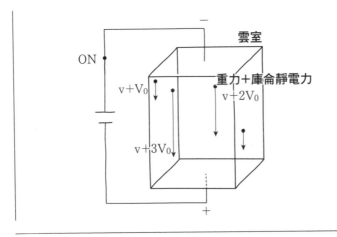

雲室

ON

−

重力＋庫侖靜電力

$v+V_0$

$v+2V_0$

$v+3V_0$

+

圖B是雲室通電的狀態。結果，霧的粒子落下速度便出現了下列這幾種差異。

①粒子毫無變化，落下速度和圖A一樣。
②粒子的掉落速度明顯變快，可以用「$V = v + v_0$」的公式來表現。
③粒子的掉落速度比②要快v_0，公式寫成「$V = v + 2v_0$」。
④粒子的掉落速度比②要快$2v_0$，公式寫成「$V = v + 3v_0$」。
也就是說，有些粒子以「v_0」為單位提升了掉落速度。

◉電子的附著

　　造成這些現象的主因，可能是「有電子附著在霧粒子上」。而且，從掉落速度的變化，可以看出附著的電子是可以數出1個、2個、3個……的「粒子」。這就證明了「電子即是粒子」。

◉光也是粒子嗎？

　　圖C是一種叫作「光電管」的裝置，其結構是用光照射陰極（負極）後會產生電子，再由陽極（正極）接收電子，輸入的電流會配合接收電子時的強度。

圖C

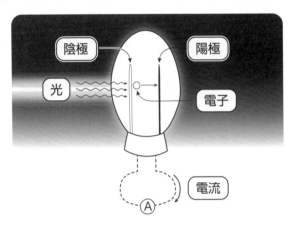

圖D・E

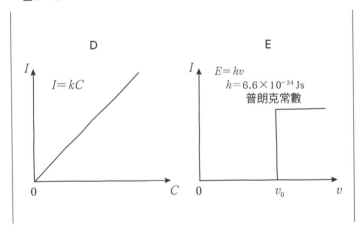

以前的「有聲電影」，是利用影像膠卷上附的「聲帶底片」感光來記錄明暗，再透過光電管轉換成電流，播放出聲音。

圖D表現的是光量（C）與電流量（I）的關係。隨著光量增加，電流量也會增加。如同我們剛才看過的，只要認為「電子是粒子」的話，這種現象就會變成「釋出的電子數量增加了」。

光線的量（光量）與電子的數量（電流量）成正比，意思就是「光也具有如同電子的粒子特性」。

圖E表現的是光的振動頻率（ν）和電流量（I）的關係。作為波動的光，能量可以用「E＝hν」的公式來表現，這麼一來，從這張圖就可以發現「如果光的振動頻率小於ν的話，就不會釋出電子」。圖中可看出當振動頻率比ν小時，電流I完全不會流通，但是一超過ν後就會開始流通。

由此可見，**光同時具備了「可用波動解釋的性質」與「可作為粒子解釋的性質」**。

愛因斯坦認為「光是一種粒子群體，能量的大小與能以公式『E＝hν』表現的振動頻率成正比」，便將這個粒子稱作**「光量子（光子）」**。

02 物質有「波」的性質嗎？ ——物質波

實驗證明的事實不斷累積之後，法國科學家路易‧德布羅意[*1]推論出所有物質都同時具備「粒子的特性」和「波動的特性」。於是，他在1924年向物理學會提出了「物質波」的概念。

◉物質波的極限

路易‧德布羅意

物質既然是一種波動，那理應具備「波長」λ。因此，路易‧德布羅意訂立了以下公式。

$$\lambda = h/mv$$

根據這道公式，波長在「物質越重，速度越快」的條件下會越短，在「物質越輕，速度越慢」的條件下則是越長。

順便一提，體重66公斤的人以時速3.6公里（秒速1公尺）行走時，代入公式可以算出這個人發出的波長是10^{-25}公尺。

這個波長太短，連現代科學的技術也無法測量。

相較之下，如果將實測質量為10^{-30}公斤、速度為秒速10^8公尺（10萬公里）的電子代入公式計算，可以算出波長為6.6×10^{-12}公尺。

---

*1　路易‧維克多‧德布羅意（Louis Victor de Broglie，1892～1987年）　法國理論物理學家、公爵。

這個波長和拍攝X光片的X射線波長差不多，足以辨識出它的波動。

●粒子性與波動性

光的振動頻率和電流量圖

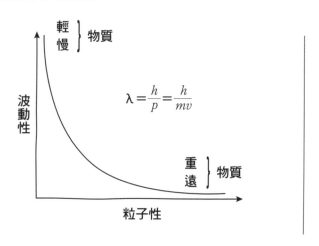

$$\lambda = \frac{h}{p} = \frac{h}{mv}$$

表現物質性質的「粒子性」和「波動性」，是截然不同的性質。要想像一個「同時具備」這些性質的存在非常困難。

這裡我們就來思考一下如何介紹蝙蝠好了。各位應該都會描述蝙蝠是「一種同時擁有哺乳類的老鼠，和鳥類麻雀特徵的動物」吧？

但是，蝙蝠既不是老鼠，也不是麻雀。只是因為舉老鼠當例子可以方便說明蝙蝠的一部分性質，舉麻雀當例子也方便說明

蝙蝠的另一部分性質而已。

「光子」、「電子」、「原子」、「分子」也是同理。

光子、電子絕非不同性質的粒子與波動合成，宛如想像中的生物一般的存在。

順便一提，屬於量子論分支的量子化學，就主要是將電子當成「波動」來看待。

丁二烯的電子雲動向、功能

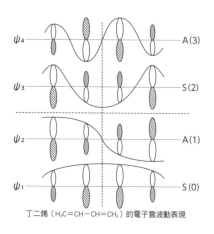

丁二烯（$H_2C＝CH－CH＝CH_2$）的電子雲波動表現

上圖是結構中包含單鍵與雙鍵結合的化合物丁二烯，我們將其中單鍵與雙鍵的連續部分（共軛雙鍵），以波動圖來表現其電子雲的動向和功能。

03 什麼是「量子化」?

「相對論」和「量子論」在20世紀初的物理學界登場，取代了當時全盛的牛頓力學。
量子論是以量子力學，尤其是「量子化學」引領現代化學的發展。
這個理論的特徵是「能量的量子化」和「不確定性原理」。

●量的量子化

量子論所說的「量子」是「量並非連續，而是離散分布」，也就是「只能取得跳躍的數值」。

舉例來說，水龍頭流出的水無法用「1個」、「2個」來數算，是以「連續的量」流出來。因此，我們可以隨意汲取任何水量。

但是，自動販賣機販賣的水，都是裝在固定容量的容器裡銷售。假設容器是500毫升的保特瓶，即使我們只需要0.87公升的水，也必須買1公升才行；如果需要1.01公升的水，就必須買1.5公升才行。像這樣用跳躍的數值來表現連續的量，就是「量子化」。

●角度的量子化

根據量子論，在「角度」的領域也有「量子」的單位量。

關於角度的量子化，可以用陀螺的旋轉運動來思考。當陀螺

的旋轉速度變慢時，軸心就會傾斜，開始進行「進動（歲差運動）」。

這個時候，軸的角度 θ 在我們的日常當中會連續變化，最後倒下停止。但是在微粒子的世界裡，角度只會以15度、30度、45度這種數值跳躍。

這個概念，後來用原子裡含有電子的「軌道（電子雲）形狀」，成功視覺化表現。

陀螺的進動

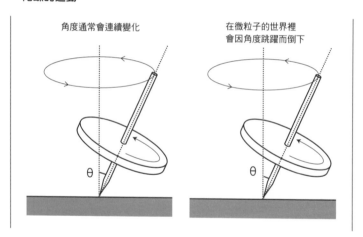

角度通常會連續變化

在微粒子的世界裡
會因角度跳躍而倒下

04 光也能量子化嗎？

我們在日常生活中，沒什麼機會能夠體驗到量子化。
可以掌握到的線索，就是光的性質。

◉曬傷

我們在夏天日照強烈的地方曬太陽，皮膚就會曬傷，嚴重時
甚至會造成背部脫皮。但是，不管我們在家照多久電燈的光，
也不會曬傷。

造成曬傷的原因是「紫外線」，它是具有高能量的光子。不
過，光子只是看起來明亮的可視光線，並不具備很高的能量。

這是因為，光子具備的能量都已經量子化了。光子具備的能
量，只有和振動頻率等比例的固定量。而且，不論集結多少低
能量的光子，也不會集合成高能量。

◉可以看見星星

我們眼睛深處的視錐細胞，有個由一分子的蛋白質構成的容
器，裡面裝著名為「視黃醛」的棒狀分子。

視黃醛通常是呈彎折的形狀，但是在受到光子撞擊後就會伸
直。容器的蛋白質感知到這個變化，就會轉換成電氣能量、把
資訊傳送到視神經。

之後，這個資訊送達大腦，大腦才會感受到光，我們就是透過這個機制來觀看物體。

改變視黃醛結構的能量，發生量子化。除非有夠大的能量，否則視黃醛絕對不會改變結構。而具備這股能量的光子，就是組成可視光線的光子。

我們之所以在黑暗的夜空中可以看見星星，是因為星星傳來的光，具備足以改變視黃醛結構的能量。換言之，眼睛並不像照相機，必須透過「延長曝光時間」的機制才能夠捕捉到昏暗中的物體。

05 愛因斯坦無法接受的理論 ——海森堡的不確定性原理

愛因斯坦無論如何都無法接納的理論，是 1927 年由德國科學家維爾納‧海森堡（Werner Heisenberg）提出的「海森堡的不確定性原理」。

◉微粒子模糊不定

海森堡

海森堡的不確定性原理，主張在微粒子的世界裡，無法同時並且正確地確定粒子的「位置」和「運動量」。換句話說，**如果要正確表示某個粒子的運動量，粒子的位置就會變得模糊不定**，反之亦然。

我們透過生活中的例子，來思考一下這個概念。比如在開學典禮的場合聚集全班同學拍紀念照時，學生都會爬上階梯，前前後後排成好幾排隊伍。當然，每一排的人和照相機的距離都不一樣。

假設我們使用以前解析度很低的「牛頓照相機」來拍這群學生好了。結果，不管是前排還是後排的學生，照相機都拍出了「應有的清晰度」。但是因為對焦不準確，所以會發現學生的臉部表情都拍得不清楚。

◉量子照相機

　　但是改用最新型的高解析度「量子照相機」來拍同一張照片的話，那就完全不同了。把焦點對準前排的學生，就能清楚鮮

分別用牛頓照相機和量子照相機拍攝照片

牛頓照相機　　　　　量子照相機

明地拍出這些學生，但後排的學生就會失焦。反之，如果對焦在後排的學生，就會變成前排的學生失焦。

由此可見，量子照相機無法同時正確地對準前排學生與後排學生這「兩個量」。

現代科學是用運動量來表現「電子的活動」，也就是「粒子運動」。這麼一來，就無法得知粒子位在何處。電子所在的位置和原子、分子的形狀，都只能表現出概略的模樣。而在原子和分子的議論中探討這種現象時，必定會導出「電子雲」。

愛因斯坦可能很不擅長理解這種模糊的論點。據說愛因斯坦在聽到「尋找電子的位置就像賭骰子」的描述後，曾出言回擊「上帝並不賭骰子」。

專欄 如何導出海森堡的不確定性原理

　　這個原理可以用公式表示如下。位置的測量誤差為 ⊿P、運動量的測量誤差為 ⊿Q 時，兩者的乘積會比 h/4π 要大。

$$⊿P × ⊿Q > h/4π$$

　　h 是普朗克常數，當然並不是0。所以，根據這道公式，假使 ⊿Q＝0 的話，⊿P 就是無限大。換言之，如果確定了運動量，位置的誤差就會變成無限大，代表根本不知道粒子在哪裡。

第 9 章
構成宇宙的物質

01 宇宙的起源

關於宇宙，現代科學斷定它「有最初的起源」。

◉大霹靂

宇宙的起源是始於138億年前，一場規模無與倫比的「大霹靂」。這不僅是宇宙，也是空間、時間等「萬物」的起源。

在發生大霹靂以前，並沒有空間、時間和質量。雖然這遠遠超乎想像，卻是現代最先進的科學「相對論」、「量子力學」與綜合這兩者的「基本粒子論」都一致肯定的觀點。

順便一提，這一系列相關的計算，只要數值稍有差異，就會輕易造成數十億年單位的差距。讓人不禁在意「138」這個明確的數字，究竟是怎麼算出來的。

◉因大霹靂而飛散的物體

宇宙是由大霹靂時飛散的物質所組成，這些物質就是電子、質子、中子。

大霹靂發生時，先是生成了作為質子的氫原子核。之後，質子和中子結合，形成了氦原子核。

而在過了大約38萬年後，質子捕捉到了電子、形成氫原

子，最終也誕生了氦原子。因此直到現在，在宇宙中占據的比例遠高過其他元素的依然是氫，其次則是氦。

大霹靂

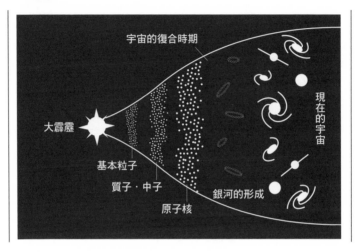

宇宙的復合時期

大霹靂

基本粒子

質子·中子

原子核

銀河的形成

現在的宇宙

02 恆星的誕生

因大霹靂而生成的宇宙，充滿了氫原子。由這些氫原子集結形成的就是太陽及其他恆星。

◉氫原子的霧

剛誕生的宇宙裡，充滿了「電子」、「質子」、「中子」，以及氫原子和少許的氦原子。這些物質就像霧一樣籠罩整個宇宙。

後來，有些地方的霧較濃，有些地方霧較淡。有濃霧的地方逐漸形成雲，重力也越來越大。當重力變大後，也會將周圍的霧吸引過來。

在吸引各種霧而逐漸變大的過程中，雲的中心會壓縮、導致壓力上升，接著便發生「斷熱壓縮」的現象，使溫度升高。加上原子等粒子彼此撞擊和摩擦生熱，讓雲的中心形成好幾萬度、數千氣壓的高溫高壓狀態。

◉原子核融合

在這個狀態下，開始引發「原子核融合」的現象。這是指兩個小原子核融合成為一個大原子核的反應。在原子序數為1的氫原子雲中發生核融合時，兩個氫原子核會生成原子序數為2的氦原子核。

原子核融合的特徵，是「原子核的質量 m 有一部分缺損」。依照愛因斯坦的公式「$E = mc^2$」，這個缺損的部分會轉換成龐大的能量。

　這股能量使氫雲上升到數十萬度的高溫，最終變成宇宙裡光輝燦爛的「恆星」。**我們在夜空欣賞到的浪漫群星，都是「天然的原子反應爐」**。

氫原子的霧形成了雲，最終變成恆星

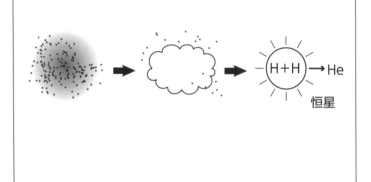

03 原子的誕生與成長

在地球的自然界裡，從原子序數1的氫原子（H）到原子序數92的鈾（U），大約有90種元素存在。之所以說「大約」，是因為有些元素並不穩定，會因為發生「原子核衰變」的核反應而消失。
剛發生大霹靂時，元素的種類只有氫和氦，那後來種類又是怎麼增加的呢？

◉恆星是「原子的搖籃」

　　這是因為，恆星發揮了「原子搖籃」的功用。原子在這個「搖籃」裡受到保護並成長，於是越長越大。

　　氫原子雲發生帶有熱能的核融合後，兩個原子序數1的氫原子H融合，變成原子序數2的氦原子He。

　　當雲中的氫原子所剩無幾，接著就是氦原子發生核融合，生成原子序數4的鈹原子Be。或是氦與氫融合，生成原子序號3的鋰原子Li。

　　恆星內部就是這樣循序漸進，接二連三不停生成大原子。

●原子核的能量

所有物質都具備固有的能量和原子核。

下圖呈現的是原子核具備的能量和原子序號的關係。曲線越往圖表上方延伸，代表「能量越高、越不穩定」；越往下方延伸，則代表「能量越低、越穩定」。

原子核具備的能量和原子序數的關係

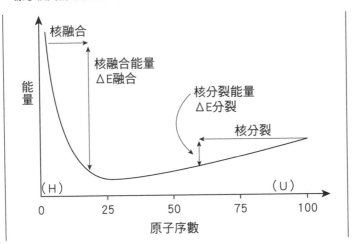

這種關係就和我們在日常生活中體會到的「位能」一樣。2樓的能量比1樓高，所以從2樓跳下去時，會因為2樓與1樓之間的能量差異而導致受傷。

從上圖可以看出，不論是像氫這種小原子，還是像鈾這種大

原子，能量都很高、狀態不穩定。根據這個定律，只要讓大原子核分裂變小（核分裂），其中的能量差距就會釋放出來。這股能量稱作「核分裂能量」，是應用於核能發電和核子武器的能量來源。

核分裂

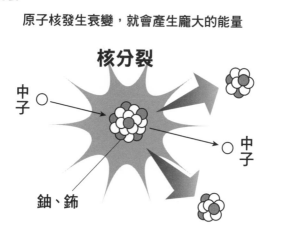

反之，將小原子核融合在一起，能量差距也會釋放出來。這股能量稱作「核融合能量」，是應用於氫彈和核融合反應爐的能量。讓太陽等恆星發光閃耀、將熱能和光傳送到地球的，也是源自於核融合能量。

核融合

雖然威力很大，但若是沒有高溫和高壓，就不會發生

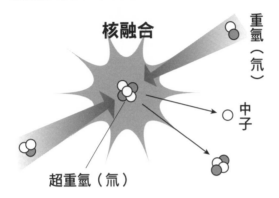

核融合

重氫（氘）

中子

超重氫（氚）

專欄 原子核反應

原子核的反應，包含了鈾這類大原子核分裂的「核分裂反應」，與氫這類小原子核融合成大原子核的「核融合反應」。

核能發電廠運用的是核分裂反應，雖然兩種反應都會產生龐大的能量，但其實核融合反應所產生的能量更大。

而要引發核融合反應，至少需要以下3個條件。

①1億度以上的高溫

②1 cm³ 範圍內有100兆個原子核

③讓①、②的條件能夠維持1秒

這3個條件又稱作「勞森判據」。

如果要舉出最接近我們的核融合反應，那就是發生在太陽裡。人類在過去也曾經透過氫彈的研發，進行人為的核融合反應，但目前還無法作為和平用途，而且要直到未來數十年才有可能真正完成。

將核融合應用在我們的生活領域，目前最有望的就是正在研究中、作為發電用途的「環磁機」。但由於條件非常嚴格，距離實用化還有很長一段路要走。現在，科學家也正在進行利用雷射的熱能引發核融合的「雷射核融合」的實驗。

04 恆星的一生

上一節的圖表，顯示出「原子核具備的能量有極小值」。這也意味著星星有一生，也就是有壽命。

◉鐵的生成

　　恆星閃耀所產生的熱與能量之所以會孕育出新的原子，是因為原子會透過「核融合」產生能量。運用這股能量，可以再引發下一次核融合，也就是說**星星是透過「核融合的連鎖反應」才會不停發光**。

　　這股能量又會讓構成星星的氫及其他原子受到星星的重力拉扯、吸入內部，防止星星瓦解。

　　然而，經由這個過程所形成的原子核在發展到原子序數25左右，尤其是在變成原子序數26的鐵以後，就會進入「不論之後發生多少次核融合，都不會再產生能量」的狀態。

◉恆星的塌縮

　　無法再生成能量的星星，就無法提供足夠的足用力來平衡自身巨大的重力，再也無法維持原本的大小。

　　結果，**星星就會受到重力吸引，以驚人的幅度迅速塌縮**。最後，圍繞在原子核周圍、構成「電子雲」的電子，就會陷入原

子核內。

電子一旦陷入原子核內，恆星就會變成沒有電荷的「中子」。

◉大原子誕生

原子和原子核的直徑比，大致來說是**10000：1**。假設一顆和地球同等大小的恆星變成中子星，其直徑會變成大約 1 公里長。

恆星與中子星的大小比例為10000：1

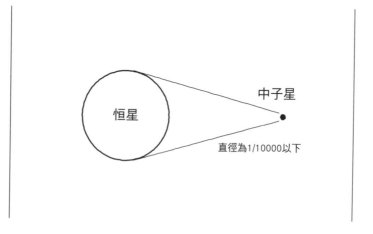

恆星在變成中子星以前，能量會先失衡、發生大爆炸。這種現象稱作**「超新星爆炸」**，處於這種狀態的星星稱作**「超新星」**。當恆星發生超新星爆炸時，內部會掀起中子風暴，風暴

中產生的中子全部都會衝進鐵的原子核內。

　　構成原子核的「質子」和「中子」之間，有個最恰當的數量平衡。因中子增加而失衡的原子核內，中子會失去電子、變成質子。原子序數代表質子的數量，所以原子序數會越來越大，鐵原子也會變得越來越大。

　　這就是為什麼在宇宙裡，還有原子序號比鐵更大的原子存在的原因。

星星的一生

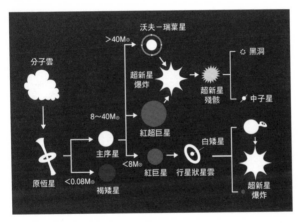

專欄 元素週期表

　　元素週期表是指存在於自然界的90種元素加上人工合成約30種元素，合計118種元素，按照原子序數排列，並且在適當位置分行的表格。

　　週期表的最上面分配了數字1～18，這稱作「族號」，各個數字下方排列的元素群則稱作「第1族元素」、「第2族元素」等等。表格最左邊分配的數字1～7，稱作週期編號。

　　週期表就像月曆一樣，族號相當於星期幾。同一族的元素彼此擁有相似的性質。

　　第3族第6週期是「鑭」，這是元素群的名稱，總共由15種元素所構成。原本應該是每個元素各有一欄、總共排列出15欄，但這樣會顯得表格太過冗長，因此才不得已獨立移到週期表本體的下方，以附錄的形式補足。第3族第7週期的「錒」也是同理。

1	2	3	4	5	6	7	8	9	10	11	12	13	14	15	16	17	18
H 1 Hydrogen 氫																	He 2 Helium 氦
Li 3 Lithium 鋰	Be 4 Beryllium 鈹											B 5 Boron 硼	C 6 Carbon 碳	N 7 Nitrogen 氮	O 8 Oxygen 氧	F 9 Fluorine 氟	Ne 10 Neon 氖
Na 11 Sodium 鈉	Mg 12 Magnesium 鎂											Al 13 Aluminium 鋁	Si 14 Silicon 矽	P 15 Phosphorus 磷	S 16 Sulfur 硫	Cl 17 Chlorine 氯	Ar 18 Argon 氬
K 19 Potassium 鉀	Ca 20 Calcium 鈣	Sc 21 Scandium 鈧	Ti 22 Titanium 鈦	V 23 Vanadium 釩	Cr 24 Chromium 鉻	Mn 25 Manganese 錳	Fe 26 Iron 鐵	Co 27 Cobalt 鈷	Ni 28 Nickel 鎳	Cu 29 Copper 銅	Zn 30 Zinc 鋅	Ga 31 Gallium 鎵	Ge 32 Germanium 鍺	As 33 Arsenic 砷	Se 34 Selenium 硒	Br 35 Bromine 溴	Kr 36 Krypton 氪
Rb 37 Rubidium 銣	Sr 38 Strontium 鍶	Y 39 Yttrium 釔	Zr 40 Zirconium 鋯	Nb 41 Niobium 鈮	Mo 42 Molybdenum 鉬	Tc 43 Technetium 鎝	Ru 44 Ruthenium 釕	Rh 45 Rhodium 銠	Pd 46 Palladium 鈀	Ag 47 Silver 銀	Cd 48 Cadmium 鎘	In 49 Indium 銦	Sn 50 Tin 錫	Sb 51 Antimony 銻	Te 52 Tellurium 碲	I 53 Iodine 碘	Xe 54 Xenon 氙
Cs 55 Caesium 銫	Ba 56 Barium 鋇	57-71 Lanthanoid 鑭系元素	Hf 72 Hafnium 鉿	Ta 73 Tantalum 鉭	W 74 Tungsten 鎢	Re 75 Rhenium 錸	Os 76 Osmium 鋨	Ir 77 Iridium 銥	Pt 78 Platinum 鉑	Au 79 Gold 金	Hg 80 Mercury 汞	Tl 81 Thallium 鉈	Pb 82 Lead 鉛	Bi 83 Bismuth 鉍	Po 84 Polonium 釙	At 85 Astatine 砈	Rn 86 Radon 氡
Fr 87 Francium 鍅	Ra 88 Radium 鐳	89-103 Actinoid 錒系元素	Rf 104 Rutherfordium 鑪	Db 105 Dubnium 𨧀	Sg 106 Seaborgium 𨭎	Bh 107 Bohrium 𨨏	Hs 108 Hassium 𨭆	Mt 109 Meitnerium 䥑	Ds 110 Darmstadtium 鐽	Rg 111 Roentgenium 錀	Cn 112 Copernicium 鎶	Nh 113 Nihonium 鉨	Fl 114 Flerovium 鈇	Mc 115 Moscovium 鏌	Lv 116 Livermorium 鉝	Ts 117 Tennessine 鿬	Og 118 Oganesson 鿫

Lanthanoid 鑭系元素	La 57 Lanthanum 鑭	Ce 58 Cerium 鈰	Pr 59 Praseodymium 鐠	Nd 60 Neodymium 釹	Pm 61 Promethium 鉕	Sm 62 Samarium 釤	Eu 63 Europium 銪	Gd 64 Gadolinium 釓	Tb 65 Terbium 鋱	Dy 66 Dysprosium 鏑	Ho 67 Holmium 鈥	Er 68 Erbium 鉺	Tm 69 Thulium 銩	Yb 70 Ytterbium 鐿	Lu 71 Lutetium 鎦
Actinoid 錒系元素	Ac 89 Actinium 錒	Th 90 Thorium 釷	Pa 91 Protactinium 鏷	U 92 Uranium 鈾	Np 93 Neptunium 錼	Pu 94 Plutonium 鈽	Am 95 Americium 鋂	Cm 96 Curium 鋦	Bk 97 Berkelium 鉳	Cf 98 Californium 鉲	Es 99 Einsteinium 鑀	Fm 100 Fermium 鐨	Md 101 Mendelevium 鍆	No 102 Nobelium 鍩	Lr 103 Lawrencium 鐒

第 10 章

黑洞

01 星星會如何結束一生？

我們在上一章，介紹了①恆星有誕生和成長的時期，②促使星體成長的核融合，在進入生成鐵的階段後就不會再產生能量，③恆星無法再承受自己的重力，而開始收縮、爆炸。

◉星體的大小和結局

星星最後的模樣，會因它們的大小（質量）而異。我們就分成幾個情況來看吧。

a 星體重量在太陽的0.08倍以下

褐矮星

這類星體太輕，重力偏弱，無法充分收縮，所以內部的壓力也偏弱，密度較低，溫度無法進一步升高。結果，星星無法達到引發核融核反應的「勞森判據」，因此變得越來越暗。這種天體就稱作「褐矮星」。

b 星體重量為太陽的0.08～8倍

質量接近太陽的星體，因核融合而生成的氦會累積在星體的中心。接著，氫就像是被氦排擠出去一般聚集在星體的外圍。

當這些氫引發核融合，星體就會膨脹成巨大的 「紅巨星」。

最後，紅巨星會變得太過巨大，導致作用在外圍的引力減弱，包覆在外圍的氣體便散發到宇宙。於是星體會逐漸縮小，形成新的 「白矮星」。

其實，太陽在未來也會走向這個結局。屆時，太陽的亮度會達到現在的 3000 倍，半徑擴大成地球公轉半徑的 20％以上，所以地球會被太陽吞噬。不過，這會發生在距今 76 億年以後，所以根本用不著擔心。

c 星體重量為太陽的 8～40 倍

上一章談到的恆星演化，就是屬於這一類。星體會在最後的階段發生 「超新星爆炸」，綻放出璀燦的光芒。這正是「超新星」的狀態。在爆炸結束後剩下的 中子星，直徑會縮小成只有原本星體直徑的十萬分之一。

超新星爆炸在宇宙並不是什麼新鮮事。即便是在銀河系裡，從宇宙誕生至今也已經發生過 1 億次以上。根據計算每 40 年就會發生 1 次超新星爆炸。

最近的例子是在 1987 年，日本的微中子觀測設施「神岡探測器」，檢測到大麥哲倫星系中因爆炸所生成的基本粒子「微中子」。這項發現讓物理學家小柴昌俊榮獲 2002 年諾貝爾物理學獎。

02 日本觀測到星星的爆炸 ——神岡探測器

> 神岡探測器是位於日本岐阜縣北部飛驒市（舊稱吉城郡神岡町）的神岡礦山地底下的觀測設施。建造的目的是為了觀測從宇宙飛到地球的「宇宙線」基本粒子「微中子」，驗證「質子衰變」的現象。

神岡探測器是利用神岡礦山 *¹的廢礦，於1983年建造完成的設施。它位於地下1000公尺處，設置了儲存3000噸超純水的水槽。牆面安裝了1000支可以將非常微弱的光

超級神岡探測器

線轉換成電氣訊號的「光電倍增管」*²。其名稱神岡探測器（KAMIOKANDE），是由所在地「神岡（KAMIOKA）」與「核子衰變實驗（Nucleon Decay Experiment）」的首字母「NDE」組成。

至於為什麼要把神岡探測器設置在地底下呢？原因在於微中子的特性。

微中子穿透物體的能力比其他粒子要強上許多，連地球也能輕易穿透。把設施建在地底深處，就是為了避免受到微中子以外的粒子影響。

但是，微中子鮮少與其他物質碰撞。假設微中子在神岡探測

---

*1　因生產鋅礦而聞名。由於將精煉的過程中生成的鎘就近排放於神通川，造成下游的富山縣居民健康嚴重受損，後續被認定為日本的四大公害病之一「痛痛病」。

*2　簡稱為PMT。在建造神岡探測器之際，特別製造了直徑20英呎（約50公分）的光電倍增管，作為學術研究用途。

器的水中與電子碰撞，受到碰撞的電子就會發出藍色的「契忍可夫輻射光」。光電倍增管只要檢測出這種光，就能確定有微分子出現過。

1987年，神岡探測器領先全世界，首度檢測出在距離地球約16萬光年的大麥哲倫星系內發生超新星爆炸（SN 1987A）時，所產生的微中子，並且證明了微中子具有質量。這項成就讓物理學家小柴昌俊*3榮獲2002年的諾貝爾物理學獎。

神岡探測器完成了它的使命，目前擁有5萬噸水槽的大型高性能「超級神岡探測器」正在運作中。而且，2021年還開始正式動工建造有26萬噸水槽的「超巨型神岡探測器」，現在研究仍持續進行中。

2015年，物理學家梶田隆章因為運用超級神岡探測器觀測微中子的成果，而獲得諾貝爾物理學獎。

---

*3　小柴昌俊（Koshiba Masatoshi，1926～2020年）　生於愛知縣豐橋市的物理學家、天文學家。東京大學特別榮譽教授、名譽教授。1987年由他親自指導、監督設計的「神岡探測器」成功觀測到微中子。這項成就受到肯定，讓他於2002年獲頒諾貝爾物理學獎。

03 黑洞是什麼？

當重力是太陽40倍以上的星體發生超新星爆炸時，星體就會朝著自己的中心無限收縮。

◉不尋常的星體收縮

如果用地球來比喻這個收縮的力量，就相當於現在約1萬3000公里的直徑收縮成1公釐以下，令人無法想像。

這個收縮的現象稱作「**重力塌縮**」，最終誕生的星體就是「黑洞」。

如果地球變成黑洞的話

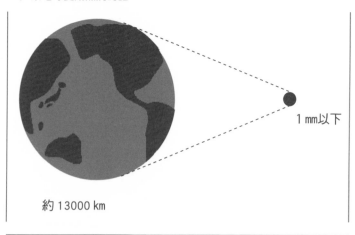

1 mm以下

約 13000 km

◉什麼是黑洞？

黑洞是相對論的相關研究中，曾預測過其存在的天體現象。根據相對論，黑洞是個**當重力造成的時空扭曲達到極限以後，包括光在內的任何物質，一旦進入後就無法再逃逸出來**的特殊領域。

那麼，這個「連光都無法逃脫」的天體究竟是什麼呢？舉例來說，假設我們要從地球上發射一架火箭，只要速度夠快，火箭就可以甩開地球的重力、飛往太空。這個速度就稱作「宇宙速度」。

宇宙速度會因天體具備的重力而不同。地球的宇宙速度是秒速11.2公里，太陽則是秒速618公里。

天體表面的重力，如果天體半徑相同，質量越大、重力越大；如果天體重量相同，半徑越小、重力越大。當重力大到某種程度後，宇宙速度就會達到光速。而密度比這時的密度更大的「東西」，就是黑洞。

關於黑洞與宇宙速度的研究，德國天文學家卡爾·史瓦西（Karl Schwarzschild）在20世紀初發表了**「史瓦西半徑」**。根據這個數值，可以計算出一個極限的半徑，當星體塌縮到小於這個半徑，就會變成黑洞。

黑洞與史瓦西半徑

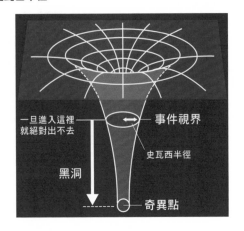

一旦進入這裡就絕對出不去

事件視界

史瓦西半徑

黑洞

奇異點

●黑洞是時空的扭曲

用於了解有黑洞存在的宇宙的理論，有「相對論」以及幾乎是另一個極端的「量子理論」。

如同前面提過的，「相對論」會解釋成「在質量的周圍，空間是扭曲的」。這時的扭曲會隨著質量增加而變大，若是扭曲得太嚴重，連直進性高的光線也會跟著扭曲，無法脫離空間。

●史瓦西黑洞

解說黑洞的模型有很多，最單純又好懂的就是**史瓦西黑洞**。

這是以剛才提到的「史瓦西半徑」為基礎繪製的模型，又稱作「事件視界」，最大的特徵是沒有明確的界線。

04 黑洞會「蒸發」？

黑洞和星體一樣會變化。這裡我們就先來介紹黑洞逐漸消滅的「蒸發」，以及逐漸擴大的「成長」這兩種型態。

●蒸發

黑洞的「蒸發」，是英國物理學家史蒂芬・霍金（Stephen William Hawking）所設想的型態。

在量子力學的思維中，「真空」並非「一無所有的空間」，而是「有假想上的粒子與反粒子成雙成對，不停反覆生成、消滅的空間」。

黑洞的蒸發與成長

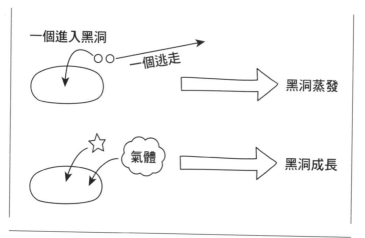

一個進入黑洞

一個逃走

黑洞蒸發

氣體

黑洞成長

當黑洞的旁邊出現這樣成對的粒子時,「一個粒子會落入黑洞中,另一個則逃向遠方」。

這個現象,看起來儼然就像是粒子從黑洞跑出來一樣,因此霍金將這種現象命名為「黑洞蒸發」。這個「蒸發」會讓黑洞的質量逐漸縮小。

此外,蒸發的比例會與黑洞的質量成反比。以天鵝座 X-1 為代表的一般大小黑洞中,可以忽略蒸發的現象。但如果是小型黑洞,蒸發所需的時間大約相當於宇宙年齡(138億年)。

●成長

另一個現象是「黑洞的成長」。當黑洞從鄰近的天體吸收了物質,或是黑洞彼此相撞、合體,都屬於成長的現象。

例如在靠近銀河中心生成的黑洞,四周會有很多氣體和星體。當它持續吸收這些物質、不斷成長,最終就會變成質量為太陽1億倍的巨大黑洞。

因此,也有「銀河系中心有個巨大黑洞」的說法。

05 黑洞的一生如何結束？

黑洞會因為大小，可能走向蒸發或是成長。那麼，以天鵝座X-1為代表的一般大小的黑洞，究竟是怎麼度過一生的呢？

由「主星」和「伴星」兩個星體構成的星系，一生的歷程大致如下。

①主星會用重力吸引周圍的氣體，變成紅巨星。

②紅巨星最後會發生超新星爆炸，變成黑洞，於是形成「黑洞與伴星成對的聯星」。

③之後，伴星耗費數百萬年漸漸茁壯，旁邊的黑洞同時吸收伴星外側的大氣、一同成長。

大氣被黑洞吸收時，會發生劇烈的活動，升溫變熱，接著急速旋轉而呈圓盤狀，並發出X射線。這就稱作「吸積盤」。最著名的例子就是「天鵝座X-1」黑洞。接下來，我們就來看伴星被吸收殆盡後的模樣。

吸積盤

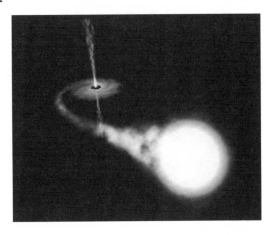

④最後，黑洞將伴星吸收殆盡，只剩下成長了一個伴星質量的
黑洞。在徹底吸收完的那一刻，黑洞就會停止成長，但是在
太空裡徘徊的過程中可能會繼續與其他天體碰撞融合，進而
變得更大。

⑤倘若宇宙繼續膨脹，黑洞在遙遠的未來就會蒸發。黑洞蒸發
時會釋放出數量龐大的粒子，使周圍變熱、綻放出光芒而燦
爛發光。

起初黑洞只會發出紅光，但隨著不斷地蒸發，黑洞的質量會
持續縮小，於是蒸發現象加劇。結果，黑洞周圍就會閃耀出藍
色的光，最後在接近爆炸的狀態下，黑洞的整體質量都蒸發完

畢，結束它動盪的一生。

從恆星的死亡中誕生的黑洞，會肆意吞噬伴星及其周圍的星體，最後以爆炸結束一生。

黑洞的一生

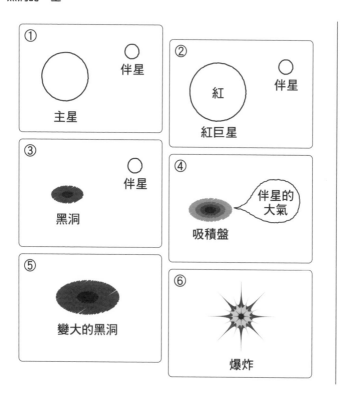

06 終於真正發現黑洞

黑洞會吸收光，卻不會釋放出光。因此，我們無法用肉眼直接觀測到黑洞本體。連預測黑洞存在的愛因斯坦，自己也聲明過黑洞可能終歸只是理論上的產物。

◉X射線的觀察

發生在1970年代的一個大事件，徹底推翻了愛因斯坦的聲明。科學家分析天鵝座的某個天體傳來的X射線後，發現可以窺知黑洞存在的根據。

上一節提過，黑洞在吸引天體時，會製造出名為「吸積盤」的高溫大氣漩渦。這個吸積盤會放射出X射線等電磁波。此時科學家觀測到的，就是它釋出的X射線。

雖然觀測到的並不是黑洞本身，但即使只是獲得間接的資訊，也算是往前邁進了一大步。

◉次毫米波的觀察

剛才提到有個觀點主張「銀河系中心有個巨大黑洞」。

銀河系的中心，籠罩著原子核與電子四散的「電漿」氣體。電漿具有阻斷絕大多數電磁波的功效，所以過去幾乎不可能透過電磁波直接觀察到黑洞。

不過，科學家發現波長為 0.1～1 公釐的「次毫米波」，可以穿透這片電漿雲。

「M87」黑洞

現在，科學家正試圖透過次毫米波來詳細地觀測黑洞，並基於這個目的而建設「電波望遠鏡」。

2019 年 4 月 10 日，由地球上 8 架大型電波望遠鏡合作的「事件視界望遠鏡（Event Horizon Telescope, EHT）」國際合作計畫，最後終於成功拍攝到了黑洞的照片。

這項計畫拍到的是室女座星系團裡的橢圓星系「M87」附近的巨大黑洞。它距離地球有 5550 萬光年之遠，質量竟然有太陽的 65 億倍，超乎想像的巨大。

在上色過的照片裡，中央是黑洞，與周圍閃耀著橙色光芒的吸積盤形成鮮明的對比。這就是連愛因斯坦本身也懷疑的黑洞揭開了神祕面紗的瞬間。

第 11 章

宇宙的未來

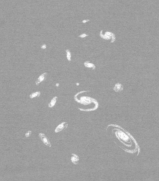

01 宇宙正在膨脹嗎？

宇宙是誕生於138億年前的「大霹靂」。這時生成的氫原子四處飛散，它們最終到達的地方，在那一刻就被視為宇宙的盡頭。
假設此事為真，宇宙在目前這一瞬間也正在膨脹。但事實真的是如此嗎？

◉ **從宇宙傳來的光**

　　宇宙裡有許多恆星，恆星釋放出的光會穿越宇宙，最終抵達地球。

　　用「波長」和「強度」表現光的特性的圖表稱作「光譜」。

鐵的明線光譜

光譜是由許多閃亮的線條構成，能用圖片表示的光譜就稱作「明線光譜」。

從宇宙傳來的光，會因作為光源的原子而分成各式各樣的種類。測量這道光在明線光譜上的線條間隔，即可分析出光是來自於什麼原子。

尤其是在分析氫原子傳來的光譜時，可以發現一個很有趣的事實。雖然這個光譜很明顯是以氫原子為根源，但波長卻和地球上的氫原子不同。所有明線的波長都轉換成了更長的波長。

◉ **逐漸遠離的氫**

調查後的結果，證實這是「都卜勒效應」造成的現象。

都卜勒效應

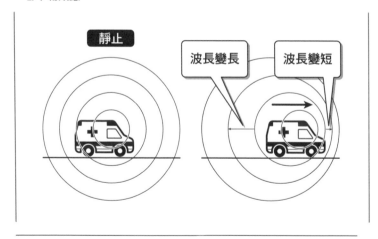

提到都卜勒效應，或許有些人會想起汽車鳴笛的例子吧。

警車和救護車的鳴笛，在靠近我們的時候會變成高音，遠離時逐漸變成低音。其實，氫原子的光也發生同樣的現象。宇宙傳來的氫原子光波長較長，就代表那個氫原子正在遠離地球。因此可以得知，宇宙正在不斷膨脹。

而且，調查氫的位置與速度的關係，可以發現「位置距離越遠的氫，就以越快的速度遠離」。由此可見，在數億光年之遠的氫，可能正在用與光速同等的速度遠離。如果這是事實，那個氫原子釋出的光永遠不會傳到地球，也就是說，可以將那個氫的所在位置視為「宇宙的盡頭」。

◉天動說復活？

從地球來看，可以得知宇宙膨脹「會依照與地球的距離，以加速度的方式增速」。這麼說來，不就代表「地球是宇宙的中心」嗎？

其實並不是這樣。我們就舉麵包表面的葡萄乾當例子吧。隨著麵包膨脹，各個葡萄乾開始逐漸分離，並沒有哪一顆葡萄乾是中心點，所有葡萄乾的立場都相同。

換言之，雖然看起來像是「氫正在遠離地球」，但是從氫的角度來看，卻是「地球正在遠離」。

用麵包來比喻膨脹的宇宙

宇宙膨脹想像圖

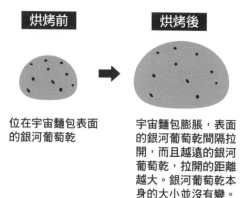

烘烤前

位在宇宙麵包表面
的銀河葡萄乾

烘烤後

宇宙麵包膨脹,表面
的銀河葡萄乾間隔拉
開,而且越遠的銀河
葡萄乾,拉開的距離
越大。銀河葡萄乾本
身的大小並沒有變。

無法觀測的宇宙成分
——暗物質、暗能量

在遠離市區的深山裡仰望夜空,可以看見滿天星斗。星體及所有物質都是由原子構成,宇宙也是一樣。

◉黑暗的物質

但是,現代天文學的宇宙觀卻稍微有點不同。那就是**宇宙是由原子等「物質」,以及「暗物質(Dark matter)」和「暗能量(Dark energy)」這三種物質所構成**。

令人詫異的是「物質」在這其中所占的比例還不滿5%。另

什麼是構成宇宙的物質?

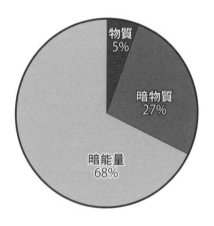

物質
5%

暗物質
27%

暗能量
68%

外約25％是暗物質，剩下約70％則是暗能量。這裡所謂的「暗」，是「不只是肉眼，所有觀測方法都無法捕捉到」的意思。

那麼，什麼天文學家會主張這種東西存在呢？

其實，他們並不是觀測到能量本身，而是觀測到「能量引起的現象」才發現這個事實。也就是雖不見其形，卻能見其影。

●暗物質與暗能量

暗物質和暗能量的觀念都分別在科學領域裡成為大新聞，掀起一陣討論。

暗物質是以團塊的形式存在於宇宙各處，是「看不見卻有重力」的物質；暗能量則是均勻分布於整個宇宙，被視為「具有加快宇宙膨脹速度的力量」。

肉眼看不見卻擁有重力的某種存在，早在八十多年前就已經為人所知。而且到了近年，還發現了以暗物質的重力影響為基礎的「重力透鏡效應」，讓它的存在更多了幾分真實。這個現象不只發現過一次，所以目前天文學家也正在繪製暗物質在宇宙的分布狀態圖。

另一方面，「暗能量」這個概念是出現在1998年。天文學家發現，遙遠的超新星正在以超越傳統理論所預測的速度，快速遠離地球。這意味著宇宙的膨脹速度正逐步上升。

傳統的宇宙理論認為，整個宇宙的重力會減緩膨脹的速度。因此這股違反重力而加速推動宇宙擴張的未知力量，才會命名為「暗能量」。

03 宇宙發展的下一階段

自138億年前的大霹靂以來，宇宙一直持續膨脹。宇宙的將來會如何發展呢？是否會像生物一樣，有朝一日走向滅亡呢？

◉永恆存在的宇宙

直到20世紀初以前，科學家都主張宇宙永恆不變、持續存在的「穩態理論。

哈伯

但是到了1920年代，美國天文學家愛德溫‧哈伯（Edwin Powell Hubble）發現了「宇宙膨脹」的現象，自此以後，「宇宙的開始和結束」便成為太空科學領域的重要研究主題。

「宇宙永恆存在」的理論，大致可以分為兩種。

①穩態理論：不論觀測結果是什麼，都認定「宇宙永遠不會滅亡」。

②振盪宇宙論：認為宇宙會因為突如其來的變化而滅亡。主張在大霹靂以前，宇宙曾經歷過收縮的「大擠壓」[1]。宇宙未來必定會再次發生大擠壓，接著又因為大霹靂而再度膨脹。

---

[1] 根據現代宇宙論，宇宙的質量比極限量更大時，宇宙會因為自身的引力而收縮。而收縮的最終狀態就稱作「大擠壓」，是宇宙的起源「大霹靂」的相反局面。

也就是說，宇宙規模的振盪會永遠持續下去。

●宇宙的末路

相當於剛才提到的②「宇宙總有一天會滅亡」的論點，又可以再分為兩種。

①宇宙熱寂：主張「宇宙會永久終結」。宇宙本身會留下，但其中的一切存在都會變化、消失。
②大擠壓：主張在某個時刻，重力會凌駕宇宙的膨脹速度，使「宇宙被壓縮成一個點」。

大擠壓可以說是大霹靂的相反現象

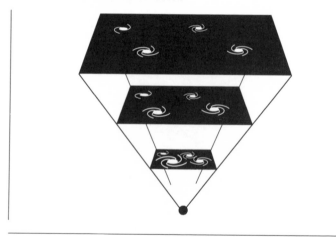

沒有人知道，宇宙實際上會走向何種命運。對人類來說，「穩態理論」是最能令人接受的結局。

　　但是，假使宇宙真的會滅亡，那也是距今約7300億年以後的事。現在根本沒有必要擔心。

04 古人眼裡的宇宙

到目前為止，我們已經認識了現代宇宙論。而古時候的人類，每個種族都有既定的宇宙觀。我們就來看看其中幾個主要的觀點。

●古埃及和猶地亞的宇宙觀

古埃及人認為，大地是全身覆蓋著植物躺臥的男性神祇蓋布（Geb），天神努特（Nut）彎曲著身體，由大氣之神高高舉起。他們相信太陽神拉（Ra）和月神會各自乘著船，每天橫渡天上的尼羅河、逐漸消失在黑暗裡。

古埃及人所認為的宇宙

猶地亞人將宇宙分為下界與上界。下界的中心是包含了山、海的大地，大地周圍有海洋環繞，在海洋外側以天為界，區分有空氣的地方與沒有空氣的地方。天的下緣是風的儲藏處，上方則是上界的水、雪、冰雹的儲藏處。

●古印度的宇宙觀

古代印度人認為，世界是大象站在巨大的龜殼上，支撐著半球狀的大地。這片大地的中心矗立著一座非常高聳的山，叫作「須彌山」。人類居住在最外側的「南贍部洲」，天體在山腰處環繞。這個思想融入印度教和佛教，後來也傳入了日本。

古印度人所認為的宇宙

◉古代中國

在古代中國，大致有四種說法。

①天圓地方說

大地是呈巨大的正方形，天則是比它更大的圓形或球形。

②蓋天說

大地是四方形的平面，上方籠罩著半球形、類似屋頂的天。

③渾天說

蛋型的宇宙中心有個像蛋黃一樣的大地。

④宣夜說

主張天無形，宇宙是由什麼都不存在的虛空無限延伸而成的「無限宇宙論」。各個天體都按照自己的規則運行。

其中的「宣夜說」，記載於西元後3世紀晉代的天文學家虞喜所寫的《安天論》一書。這個觀點與現代的宇宙論相通，但後來並未成為顯學。

◉古希臘

在神話時期以後的希臘，人們依循觀測的結果、具備了比較實際的宇宙觀，認為宇宙的中心是人類居住的地球，周圍依序有月球、水星、金星、太陽、火星、木星、土星，共7個行星環繞。更外側則是有貼著星星的天球在轉動。也就是天動說。

但是，這個觀點無法解釋行星的停留和逆行，因此便構思出行星會循著周轉圓（本輪）運行的本輪說，奠定了希臘式的天動說。

這個天動說始於哲學家亞里斯多德（Aristotélēs）的「天體論」，接著導入天文學家喜帕恰斯（Hipparkhos）的「周轉圓」觀點，直到托勒密（Claudius Ptolemaeus）才完成。

●地動說

進入 15 世紀、開始了大航海時代後，基於要根據星星的位置來推算船舶方位的實用理由，天文學變得十分盛行。於是，天動說無法解釋的現象也逐漸明朗。在這個時期登場的就是哥白尼。哥白尼主張的宇宙風貌是以太陽為中心，認為地球及其他行星繞著太陽旋轉。這就是著名的地動說，最終發展成為現代相對論的宇宙觀點。

後記

　　各位讀到這裡覺得如何呢？有沒有很樂在其中？是不是覺得大開眼界了？是否切身感受到了宇宙繁星的燦爛光輝呢？

　　在半世紀前，我還在念書的時候，只要一喝醉就會唱起日本的地方民謠「DEKANSHO小調」。裡面有一段歌詞是「既然要做就鉅細靡遺，把跳蚤的蛋蛋支解碎裂」，還有一段對比的歌詞「既然要做就壯志凌雲，乘著奈良大佛放的屁飛向天際」。

　　我投身化學領域裡，研究著像是跳蚤般渺小的量子化學。對我來說，相對論儼然像奈良大佛在星雲間翱翔一般，是令人十足痛快的壯闊理論。

　　如果各位能夠體會到這分壯闊，那就太好了。既然大家都能享受這本書的話，那麼下一次不妨試著反過來，讀讀量子理論吧？你會發現令人難以置信的事物遠比相對論還要多。

　　希望以後有緣能夠再相會。祝各位健康平安。

2021年6月　齋藤勝裕

參考文獻

相対性理論 (岩波基礎物理シリーズ)　佐藤勝彦　岩波書店（1996）

相対性理論入門講義 (現代物理学入門講義シリーズ)　風間洋一（1997）

ゼロから学ぶ相対性理論　竹内薫　講談社（2001）

特殊および一般相対性理論について　アルバート・アインシュタイン著　金子務訳
白樺社（2004）

相対性理論 (基礎物理学選書)　江沢洋　裳華房（2008）

マンガでわかる相対性理論　新藤進　ソフトバンククリエイティブ（2010）

相対性理論　杉山直　講談社（2010）

ゼロからわかる相対性理論　佐藤勝彦ら監修　ニュートンプレス（2019）

いちばんやさしい相対性理論の本　三澤信也　彩図社（2017）

相対性理論　福江純　講談社（2019）

相対性理論の全てがわかる本　科学雑学研究倶楽部　ワンパブリシング（2021）

資料來源

P18　「煉金術」，引自 Wikipedia

（https://commons.wikimedia.org/w/index.php?curid=1173733）

P46　「邁克生」，引自 Wikipedia

（https://commons.wikimedia.org/w/index.php?curid=2622010）

P46　「莫雷」，引自 Wikipedia

（https://commons.wikimedia.org/w/index.php?curid=17416314）

P47 「羅默」，引自 Wikipedia

（https://commons.wikimedia.org/w/index.php?curid=302624）

P95 「沙皇炸彈」，引自 Wikipedia

（By User: Croquantwith modifications by User:Hex，投稿者拍攝作品，創用 CC 3.0 授權／姓名標示，https://commons.wikimedia.org/w/index.php?curid= 5556903）

P115 「1919年拍攝的日食」，引自 Wikipedia

（https://commons.wikimedia.org/w/index.php?curid=182028）

P116 「愛因斯坦十字」，引自 Wikipedia

（https://commons.wikimedia.org/w/index.php?curid=2237885）

P118 「LIGO」，引自 Wikipedia

（By User: Umptanum，投稿者拍攝作品，創用 CC 3.0 授權／姓名標示，https://commons.wikimedia.org/w/index.php?curid=2591541）

P127 「路易 德布羅意」，引自 Wikipedia

（https://commons.wikimedia.org/w/index.php?curid=62216）

P134 「海森堡」，引自 Wikipedia

（Bundesarchiv, Bild 183 -R 57262／不明／CC-BY-SA 3.0 , CC BY-SA 3.0 de, https://commons.wikimedia.org/w/index.php?curid= 5436254）

P156 「褐矮星」，引自 Wikipedia

（https://commons.wikimedia.org/w/index.php?curid=2133576）

P159 「超級神岡探測器」

影像提供：東京大學宇宙線研究所 神岡宇宙素粒子研究施設

P168 「吸積盤」，引自 Wikipedia

（https://commons.wikimedia.org/w/index.php?curid=78156）

P 171 「『M 87』黑洞」，引自 Wikipedia

（事件視界望遠鏡，uploader cropped and converted TIF to JPG，原出處為歐洲南方天

文台：https://www.eso.org/public/images/eso 1907 a，創用 CC 4.0 授權／非商業性）

P 174 「鐵的明線光譜」，引自 Wikipedia

（https://commons.wikimedia.org/w/index.php?curid=721697）

P 181 「哈伯」，引自 Wikipedia

（https://commons.wikimedia.org/w/index.php?curid=7212789）

■作者簡歷

齋藤勝裕

1945年5月3日生。名古屋工業大學榮譽教授，理學博士。1974年修畢日本東北大學研究所理學研究科博士課程，專業領域為有機化學、物理化學、光化學與超分子化學。主要著作有《圖解高分子化學：全方位解析化學產業基礎的入門書》（台灣東販）、《食品的科學：烹飪、營養、美學與科學，滿足你對食物的好奇心！》（晨星）、《週期表一讀就通》、《3小時讀通無機化學》系列（以上皆世茂出版）等多本書籍。

3小時「相對論」速成班！

出　　　版	楓書坊文化出版社
地　　　址	新北市板橋區信義路163巷3號10樓
郵 政 劃 撥	19907596　楓書坊文化出版社
網　　　址	www.maplebook.com.tw
電　　　話	02-2957-6096
傳　　　真	02-2957-6435
作　　　者	齋藤勝裕
翻　　　譯	陳聖怡
責 任 編 輯	江婉瑄
內 文 排 版	謝政龍
港 澳 經 銷	泛華發行代理有限公司
定　　　價	350元
初 版 日 期	2022年12月

國家圖書館出版品預行編目資料

3小時「相對論」速成班！/ 齋藤勝裕作；
陳聖怡譯. -- 初版. -- 新北市：楓書坊文化
出版社, 2022.12　面；　公分
ISBN 978-986-377-819-6（平裝）

1. 相對論　2. 通俗作品

331.2　　　　　　　　　　　111016235